百科大探索
CHILDREN'S ENCYCLOPEDIA

神奇的宇宙
THE MIRACULOUS UNIVERSE

青岛出版社
QINGDAO PUBLISHING HOUSE

目录
CONTENTS

THE MIRACULOUS UNIVERSE

仔细阅读本章，你就能回答出以下问题：

什么是『超级地球』？

除了地球以外，还有哪个星球被称为『水球』？

月球上的重力是地球上的六分之一，那么，会发生什么趣事呢？

宇航服是由多少层材料制成的？

地月家族

在宇宙这个大家庭中，地球是人类赖以生存的家园，月球又是地球唯一的天然卫星，它与地球有着密切的演化联系。可是，你对我们最亲密的"地月家族"又了解多少呢？想倾听一下地球的心灵独白吗？想知道月球上的生活是怎样的吗？快翻开"地月家族"的机密档案吧！

宇宙中的另一个我

我是地球，一直以来都是孤单一人，目前为止在宇宙中还没有发现任何一个像我一样适合生物生存的星球。茫茫宇宙如此浩瀚，我多么希望在这个宇宙中可以找到另一个我，这样他就可以帮我分担一部分压力。当我不堪重负的时候，就可以转移一部分人类去他那里"借住"一段时间，我们移居外星的梦想也就更近了一步。

最近，关于"超级地球"的消息层出不穷。"超级地球"是指那些环境和我类似，但质量要比我大1～10倍的行星。天文学家普遍怀疑这类行星上可能存在水甚至生命，也可能适宜人类居住，因此我也密切关注此类消息。我相信在不久的将来，随着技术的改进，科学家们一定可以帮我找到另一个"我"。不信？那我就来介绍一下近期发现的两个宜居星球，他们和我的相似度已经非常高了。

艺术家笔下的"超级地球"围绕恒星公转的模拟图

目前潜在的宜居行星排行榜

1. Gliese 581g
2. Gliese 667Cc
3. Kepler-22b
4. HD 85512b
5.
6. Gliese 581d

Hi！大家好，就是我啦！地球绕着太阳转，我绕着红矮星Gliese 163转！

Gliese 163c是2012年9月才加入"超级地球"俱乐部的成员，虽然时间不长，却极为引人注目。

发福的我？

哈哈，他看上去是不是比我帅一点呢？他位于红矮星Gliese 163周围的宜居带内，距离我只有50光年。这是一颗由岩石和水组成的行星，质量约为我的7倍，直径是我的1.8～2.4倍，他的一年可比我的短多了，他绕着红矮星Gliese 163转一周才需要26天。

哈哈，想象一下发福之后的我，也许就是这个样子。

艺术家绘制的关于Gliese 163c超级地球的想象图

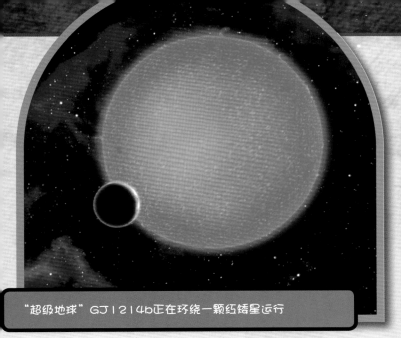

"超级地球"GJ1214b正在环绕一颗红矮星运行

加厚的棉被？

Gliese 163c从红矮星Gliese 163那里获得的光照量比我多出大约40%，这使得他的温度比我要高一些。他周围可能存在浓厚的大气层，密度大约是我的10倍，因此他的地表温度将会达到60摄氏度左右。虽然不适合包括植物、动物和人类在内的大多数复杂生命体生活，但一些微生物却可以忍受这样的环境。

还有一颗叫GJ 1214b的行星是2009年被找到的，加入"超级地球"俱乐部已经有一些日子了。他是除我之外发现的第一颗饱含液态水的星球，以后在上面发现生命也不一定哦！

又现水球？

人人都说地球我起错了名字，应该叫"水球"，这不，太阳系外又发现了一颗"水球"。据说他75%的区域都被水覆盖着，那里绝对是另一个水的世界。他离我倒是不远，只有40光年，这点距离在茫茫宇宙中简直就是一个"抛石子"的距离。他环绕着一颗比太阳小且温度低的红矮星运行，与该恒星相距仅209万千米，因此，他的一年就更短了，只有38小时。总的来说，他的尺寸理想，温度也还算适宜，最重要的是，这颗行星和我一样拥有水啊！都说"水是生命之源"，他身上会不会也有生命存在呢？

免费桑拿？

尽管GJ 1214b围绕的恒星表面亮度只有太阳的1/3000，但因为两者距离很近，所以GJ 1214b的温度仍高达200多摄氏度。他有着比我厚10倍的大气层，所以到达这个温度不足为奇。水在高达200多摄氏度的情况下结冰，又在没有任何力的作用下流动，这种怪异的现象你肯定没见过吧，但在GJ 1214b上却可能是常态。有科学家认为，那厚厚的大气层可能是由蒸汽构成的。那些水蒸气浓厚而灼热，常年笼罩着GJ 1214b，就像一个名副其实的巨型蒸笼。

GJ1214b离它的恒星非常近

哈哈，我如果到了那里，就可以体验免费的桑拿了！

估计到时候你就没心情体验了，哈哈！

如此看来，即使是这些处于恒星宜居带上的星球，也只是相对"宜居"而已，并不适合人类居住。另外，即使找到了宜居星球，技术水平达到了，那距离也是相当遥远，恐怕等你们从小学生变成了大学生，也还在路上呢！所以当务之急还是好好珍惜我，保护我吧，至少在未来很长的一段时间内，我还是你们唯一的家园。

保护地球，人人有责！

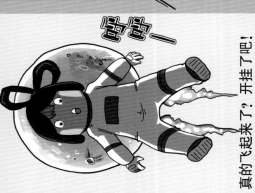

的日子里

再待在这里，体重会变得很轻，这是影影娥（我猜你知道我说的是谁）在这里遇到的第一件开心事儿。

当当当当当!!

往来无巳了

在这里，刷一百万都很难买到一瓶矿泉水。

吃啥!

我们的客人（农历八月十二）

登月飞船

吴刚叔叔

外星人

大家之所以喜欢这么做，是因为影城的家藏着许多秘密。

柴米油盐醋的生活（农历八月十三）

啪!

这一切看起来有点怪怪的？

啪!

啪!

（农历八月十四）我还是回地球吧

事实上，上过太空的动植物还是不少的。

这是一个完美的"中秋假期角色扮演体验"活动，但是经历了恐怖遭遇，辛苦劳作等各种折磨后，影觉得这还是地球上的生活比较靠谱，驾车冲回温暖的校园，不知道真正的温暖家乡公想。

9

中秋节，小记者们正准备着过节要吃的月饼，一位快递叔叔突然登门，送上了一本日记。原来我们的影在所有人都没有发现的情况下进行了登月壮举！这场低调的行动上到中央电视台，下到《神奇的宇宙》编辑部，没有一个人知晓，而这篇《在我征服月球的日子里》作为仅有的珍贵资料奉献给广大小读者。

向着月球一路狂奔！

我，《神奇的宇宙》的小记者影，秉承先人嫦娥姑娘的意志，立誓要在中秋节之前完成奔月大计，让兰琪他们和可爱的小读者们在赏月的时候可以遥望着月亮上面的我。

可怕的地球引力　农历八月初八　距离中秋节还有7天

在我筹备"奔月大计"的时候，真心为自己没能生活在神话时代而感到可惜。想当年，嫦娥姑娘只是吃片维生素（古人还认为那是长生不老药）、挥挥衣袖就飘上了月球，而我要面对的是可怕的地球引力！

真是欲哭无泪，我高高跃起，重重落地！还引来了信号灯的嗤笑："影，你又重了，跳高不适合你，真的。"于是我决定不把奔月大计透露半句！

地球引力自地球诞生的那一天就已经存在了，牛顿发现它却是因为一个苹果。无辜的牛顿被一个苹果砸了脑袋，非但没有把他砸出毛病来，反而让他世界闻名——这个苹果为什么要往地上落而不是飞上天空？地球引力的概念横空出世。我有的时候很感慨，为什么这个苹果没有砸在我的头上？

地球引力究竟有多可怕？你看我至今没有学会腾云驾雾就知道了。强大的地球引力束缚着我奔向月球的翅膀，但是，天下武功唯快不破！速度才是我们克服地球引力飞去太空的秘诀！那么怎样的速度才能让我奔向月球？我所追求的正是传说中的宇宙第二速度。

宇宙第一速度（V1）：
每秒7.9千米。达到这个速度就可以自由地绕着地球转圈圈，比如卫星。

宇宙第二速度（V2）：
每秒11.2千米。达到这个速度就可以脱离地球引力场……去绕着太阳转圈圈。

宇宙第三速度（V3）：
每秒16.7千米。达到这个速度我们就可以冲出太阳系，遨游银河系！

其实月球也在地球引力场之内，只要我的初始速度不小于每秒10.848千米就可以奔月了。

意外的小火苗　农历八月初九　距离中秋节还有6天

　　我原本以为只要有速度就够了，但是一撮意外的小火苗毫不留情地嗤笑了我的天真。大气层里那些着了火的星星和飞碟就是我的难兄难弟。为什么会着火？！赶快拨打119！

　　大气层又叫大气圈，是地球的面纱和保护伞，它温柔地拥抱着陆地和海洋，但对那些时不时想光临地球的外来物体就毫不客气。我知道钻木取火的关键是木头与木头的摩擦，却忘记了只要达到一定速度，我们与大气摩擦也是会起火的。那些璀璨的流星就是前车之鉴。

　　为此，我不得不预备下火箭专用的防高温涂料。我有预感，这次奔月计划困难重重！

闪瞎眼的沿途美景　农历八月初十　距离中秋节还有5天

　　我终于翱翔在宇宙中，微风拂面什么的就别想了，这里没有空气，我被包裹在厚厚的宇航服中。茫茫太空，各种天体一个劲儿地发出辐射，危险的宇宙射线在这里横行无忌，随时可能给我来个"万箭穿心"。就算如此，宇宙也美丽得超乎想象，不枉我冒着生命危险走了这一圈，尤其是我们美丽的地球……等等！迎面而来的这一大坨是什么？救命！

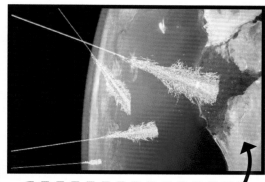

太空垃圾： 包括卫星碎片、涂料斑块甚至火箭发动机和航天器碎块等。小读者们听说过一只小鸟可以"撞毁"一架飞机吧？同样，只要一块超过10厘米的太空垃圾就可以"击毁"一架航天器！嫦娥遇到了真正的生命危险啊！

日记看到这里居然中断了。大家无比担心影的小命，纷纷责怪他胆大妄为。就在这时，快递叔叔又送来了一本日记。松了一口气的小记者们开始继续研究这本沾满尘埃的日记。

定居月球怎么那么难！ 农历八月十一 距离中秋节还有4天

我，《神奇的宇宙》的小记者影，成功登上了月球！虽然过程有些曲折，但作为新时代影娥的我，又怎么可能化身太空垃圾呢？哈哈哈哈……作为月球上唯一定居的人类，我拥有3800万平方千米的人均面积！

咳咳，怎么说呢，生活就是这样，有苦有甜……虽然自古以来月亮都是美丽而充满神秘感的，但那只是从地球的角度看上去而已。实际上，月球真是个不能住人的地方啊！没有空气和水，尘埃纷飞并且还久久不落，弄得我的日记本上都是灰尘。

月球也算是物产丰富了，可惜那是我不能吃的稀有金属矿石。为了我的"广寒宫"，神通广大的我用月球挖掘机堆砌加固月球土壤，也不要求亭台楼阁了，能有个窝的样子就成。嗯？你说为什么我过得如此艰苦却还很高兴的样子？那是因为我减肥成功了！如今的我身轻如燕，此生无憾啊！

往来无白丁 农历八月十二 距离中秋节还有3天

"广寒窝"建好以后，我算是正式定居了。世界上最惊悚的事情，莫过于当这个星球上只有我一个人的时候……有人来敲门！难道是外星人在月球上建造了飞碟基地？还是月球本来就是人家外星人的航空基地？回想起关于月球的那些谜团，我有些后悔了，早知道我就拉着信号灯他们一起来了，呜呜……

1.月球是哪里来的？是和地球一起诞生的姐妹，还是不小心被地球引力绑住的伙伴？

2.月球多大岁数了？它的岩石比地球还要古老，难道月球的存在比地球更加久远？

3.月球是空心的吗？为啥被火箭撞一下会发出像大铃铛一样的响声？

4.你知道吗？取自月岩的纯铁在地球居然不生锈！

5.被断定没有水的月球，却被探测出有大约260平方千米的水气团，这些水气来自哪里？

6.月亮上有一大片的地表像是铺着玻璃一样，实在是太奇怪了！

好吧，昨天的"敲门事件"是个乌龙事件，是一个叫吴刚的快递叔叔把我在网上订购的宠物兔和桂花树苗送过来了。多么敬业的快递叔叔啊，绝对给好评！

没有宠物和花草的生活怎么能称得上惬意？作为一个继承了嫦娥意志的少年，我紧随女神步伐，开始了养兔子和种花的生活。其实，离开过地球的小动物还真不少呢！

宇航大业的发展初期，人们曾经将小狗、猴子、小猫、兔子等动物送上太空。苏联小狗莱卡就是第一个进入太空的狗狗，可惜它没能回来。

1959年，苏联将兔子小玛莎和两只狗狗送上太空，它们遨游太空一圈之后成功返回，成为资深"太空兔"与"太空犬"。

为什么我种在月球的桂花树活不了？！查了资料之后我才知道，原来太空花卉不是在太空中栽种的花，而是在太空环境中基因突变的种子，回到地球后栽种长出的花儿。我赶紧把没有走远的吴刚叔叔叫了回来，让他记得给我捎一袋花种，要有牡丹、芍药，再加上我喜欢吃的辣椒！调味品比花儿重要多了！

哪家快递公司还接"外星"的单子？！

等影回来，那些花种我就笑纳了。

眼看就要到中秋节了，虽然我才离开地球母亲不到七天，但感觉足有七年那么漫长。每逢佳节倍思亲，我决定提前打道回府，争取赶回地球过中秋节！月球上没有饮料，没有月饼，真不知道嫦娥女神是怎么想的。

啊，还有，我亲爱的同事们和更亲爱的小读者们，当你们看到这篇日记的时候，我的小飞船已经一头扎进大气层了，我现在又渴又饿，请把月饼和饮料准备好。（PS：月饼不要五仁馅的，饮料一定要冰镇！）兰琪、千里以及信号灯，如果你们的接风宴足够豪华，我会告诉你们一个天大的秘密——那个给你们快递我日记本的快递叔叔，就是吴刚叔叔哦！

中秋歪想

中秋节始于唐朝，但最初是源于中国古代帝王"春天祭日，秋天祭月"的礼制。宋朝正式确定农历八月十五为"中秋节"，此后中秋节作为汉文化的重要传统节日经久不衰。

我国古人的戏剧天分，从有关中秋的神话传说中就可以看出来。嫦娥奔月、吴刚伐桂、玉兔捣药等神话传说集结了美女、帅哥、萌宠共同担任主角，故事涉及家庭伦理、社会法制、历史军事、环境保护等诸多领域。一轮明晃晃的月亮，带给了我们祖先多少"遐思"啊。

小记者们面面相觑，随后反应过来："快递叔叔请留步！""吴刚叔叔求签名！"可惜门口空无一人。

月球生活Style

观光飞船
有时候，还在地球居住的居民会来月球上旅游观光，看看这里的生活怎么样。

采矿场
月球上有很多可以开采的矿物资源。

我们在这儿
即使是在月球上我们也要工作，而且要一天到晚穿着工作服。这套工作服虽然不好看，但是功能却很强大。

太空港
在这里发射飞船要比在地球上容易很多，你知道这是为什么吗？

轨道车

天文台
跑到月亮上去观测宇宙是因为这样就能离其他星球更近吗？绝对不是！想知道在月亮上观测宇宙的好处吗？快往下看吧！

NASA（美国国家航空航天局）的艾姆斯研究中心打算2015年在月球上种菜了！欧洲航天局也开始计划在月球上建立储存人类文明的基地——"月球方舟"。地球上住得好好的，我们干吗要去月球给自己找麻烦？月球上没有游乐场，也没有美味的食物！不过，这里有一种不同于地球的生活方式。让我们一起参观下未来的月球基地吧！

大量的太阳能板

球内第4层
发电站
这个发电站能供应月球上所有的生活用电、科研用电，它是从哪儿得到这么多能量的呢？

球内第3层
植物工厂
难道传说中吴刚叔叔在月亮上种月桂树的事儿是可行的？NASA决定实施"月球植物生长栖息地计划"，紧跟吴叔叔的步伐，当一回有创造力、有科学知识的农民。

球内第2层
研究所
这里聚集了我们的科学精英。

方舟主体球内第1层
居民区
月球上的环境非常严酷，所以这里的墙壁非常密实，这样才能保证居民们有一个温暖、安全的居住环境。另外，在这里打篮球赛是一件非常酷的事儿，你知道为什么吗？

出入通道
这里有全副武装的机器战警守卫，侵略者想进入基地，没那么容易！

1.糟乱并酷炫的生活

月球上的重力大约是地球上的1/6，所以我们在这儿可以做这样几件事儿：

（1）打篮球、跳高的时候我们可以一下跳3米高。

（2）在这里住得时间长了，会长高几厘米。

（3）食物可能会很轻，所以吃东西的时候一定要拿稳。

2.不一样的植物园

如果我们在月球上种植物，很可能会种出一些奇奇怪怪的东西。NASA已经准备在月球上种甘蓝和向日葵了。他们把植物种子放在一个像密闭咖啡罐一样的瓶子里。当种子被送上月球后，瓶内便释放出水以促进种子发芽，瓶中的空气够种子生长5天。种子的发芽过程会被录像机记录下来。

月球上的重力、辐射等和地球上差别很大，不知道在这样的环境下，植物们会长成什么样子。让我们拭目以待吧！

3.发电站

在月球上采集的能源主要有两种：

（1）太阳能。月球上没有大气、云层，所以可以进行非常高效的太阳能发电。

（2）核能。月球上富含氦-3这种核聚变材料，我们可以利用它进行核能发电。

4.你很可能在这里成为一名矿工

月球上最常见的工种大概就是矿工了，人们来到月球居住的主要目的之一就是采集地球上稀缺的矿物。月球上有大量的甲烷，可用作燃料，但最富有开采价值的，就是我们月球基地发电站本身在用的核能物质氦-3了。

● 氦-3是一种高效、清洁、廉价、安全的核聚变发电燃料。

● 氦-3在地球上易开采的仅有500千克左右，但在月球地壳浅层上就有百万吨的氦-3。

● 100吨氦-3产生的电能够全地球用一年。

5.太空港

太空港就是月球上的飞船发射基地。身为一名宇宙工作者，我们要去很多别的星球进行研究。因为月球上引力小，也没有空气阻力，所以发射飞船要比地球上简单很多。

6.笨笨的工作服

爱美的女生肯定不希望总是穿得像胖面包一样生活，不过不用担心，我们只有在走出基地到室外工作时，才必须穿这种舱外宇航服。

我从未比在太空行走时觉得自己更渺小·或者更伟大。

照明灯

摄像机

头盔通信设备

饮水包

头盔里有一个吸管，宇航员可以通过这个吸管喝到水。

报警器

水升华器

温度调节阀门

手套
- - - - - - - - - -
指尖有加热功能。

水罐

净化装置

主氧气瓶
备用氧气瓶

宇航服由14层材料制成，你很难在地球上找到质量更好的服装。

生命维持器
- - - - - - - - - -
这里面有很多备用物品。

电池

靴子
- - - - - - - - - -
靴子的底部十分柔软，这样可以避免损坏航天仪器。

其实兰琪现在穿着高科技尿布。

7.月亮上的天文台

我们为什么要跑到月亮上去建造天文台？看看你能答对多少。

（1）月球没有大气。

A.这样可以减少空气对光的影响。

B.这样就不存在大气将太空中的电磁波吸收的情况。

（2）月球非常稳定，地震释放的能量非常小。

A.这样不容易震坏精密的天文仪器。

B.这样不容易影响精密的光学望远镜之间的距离精度。

（3）月球上有大片的空地。

A.这样有很多地方可以建立庞大的天线阵。

B.这样我们除了观测天文还有地方做很多别的事情。

（4）月球上的引力很微弱。

A.制造、控制仪器更容易。

B.观测人员可以跳得更高。

答案：BBAA

没有事情是十全十美的，在月球上建造观测站一定也会遇到一些让人头疼的问题。

在地球上，很多陨石在到达地球前就被大气给"消化"了，但是月球上没有大气，咱们的天文台会经常被陨石打到吧？

没错，科学家们对这件事情也很困扰，他们必须给各种装备加上"防护罩"才行。

我觉得把各种制作仪器的材料运输到月球上也是一件非常麻烦的事儿，小读者们觉得我们移居月球，在月球上建立天文台还会遇到什么困难呢？

小读者们可以关注我们的官方微信订阅号，把自己关于月球基地的想法、疑问告诉我们。

微信扫一扫，关注"探索科学馆"，随时和小记者联系，每周收取最有趣的独家科学趣闻。

仔细阅读本章，你就能回答出以下问题：

第一台环绕过小行星带内两颗小行星的是什么探测器？

平常我们感受到的太阳光实际上是由很小的微粒构成的，它们叫什么？

太阳系中唯一自东向西自转的大行星是哪个星球？

木星的哪颗卫星表面覆盖着薄薄的冰壳？

玩转太阳系

　　这是一个秘密计划，我们将要对太阳系中的星球进行一次全方位、立体化、史无前例的大调查。太阳系是怎样形成的？月球真的正在远离地球吗？这些"烧脑"的问题统统为你解答。你也想加入我们的疯狂太空之旅吗？嘿，可没那么容易，先要符合我们的调查员招募条件哦！

小草是由种子变成的，小鸡是由鸡蛋变成的，那你知道太阳系是怎么形成的吗？别怪影的问题天马行空，影只是想由浅入深引发你的思考。但是，这么深奥的问题究竟谁能解答呢？科学家说了，小行星！

为了研究小行星，"曙光"号小行星探测器诞生了。它肩负着探索灶神星和谷神星这两颗小行星的使命，飞向天际……

"曙光"玩转小行星

"曙光"号

飞越火星

地球
（2007年）

火星

围绕灶神星运行
（2011年7月至2012年4月）

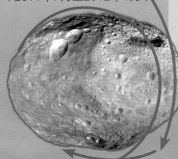

灶神星

- 发现于1807年3月29日
- 体型：578千米×560千米×458千米
- 小行星带中已知的第二大的小行星

木星

"曙光"号小档案

所属组织：	美国国家航空航天局
主要任务：	环绕灶神星、谷神星飞行
任务时长：	8年
发射日期：	2007年9月27日
概　况：	2011年7月16日，"曙光"号进入灶神星轨道。在2015年2月，"曙光"号进入谷神星轨道，从而成为第一台环绕过小行星带（太阳系内介于火星和木星轨道之间的小行星密集区域）内两颗小行星的探测器。

围绕谷神星运行
（2015年2月至7月）

谷神星

- 发现于1801年1月1日
- 直径约960千米
- 是小行星带中已知最大的小行星
- 2006年升格为矮行星

希望的"曙光"

看到"曙光"这个名字，你首先会想到什么呢？希望，对吧？你想得没错，"曙光"这个名字正是来自科学家们的希望，科学家们希望"曙光"号能帮助我们揭开太阳系形成之谜。

当然，除了名字和任务特殊，"曙光"号与众不同的地方还在于它的推进系统。这个重达1250千克的探测器的最大航程超过50亿千米，这归功于它特殊的推进系统。这种推进系统与传统的化学火箭推进系统不同，它使用一种新型的氙（xiān）离子推进器。当带电的氙离子穿越电场时，速度会增加至每小时1600千米，从而为"曙光"号提供了强大的动力。此外，"曙光"号还配备有长约20米的太阳能电池板，可以将光能转化为电能，供探测器自身使用。

"行星baby"与"活化石"

这两个词都是用来形容小行星的，为什么呢？小行星被称为"行星婴儿"是因为它们个头小吗？当然不是。科学家认为，小行星是处于萌芽期但未得到机会成长起来的"行星"，所以称它们为"行星婴儿"。那么，小行星被称为"活化石"又是什么原因呢？按照现代的太阳系形成理论，太阳系是在46亿年前由一团缓慢转动的星云凝聚而成的。如今，其形成的具体过程已无法从地球等行星中找到痕迹，唯有小行星仍保留着太阳系形成初期的原始成分，因而小行星被称为"活化石"。它们为研究太阳系的形成提供了线索，这正是"曙光"号探访灶神星和谷神星的原因。

那灶神星和谷神星为何能成为"曙光"号的最佳探访对象呢？

小链接

太阳系是如何形成的？关于太阳系的起源有众多观点，但主流观点是这样认为的：1.原始星云中稠密的核心形成原始太阳；2.在原始太阳周围，气体和尘埃形成原始太阳系圆盘；3.尘埃堆积，形成微行星；4.微行星相互碰撞，形成原始行星；5.原始行星相互碰撞或者吸收太阳系圆盘中的气体成为行星。

23

瞧，这颗千疮百孔的"土豆"！

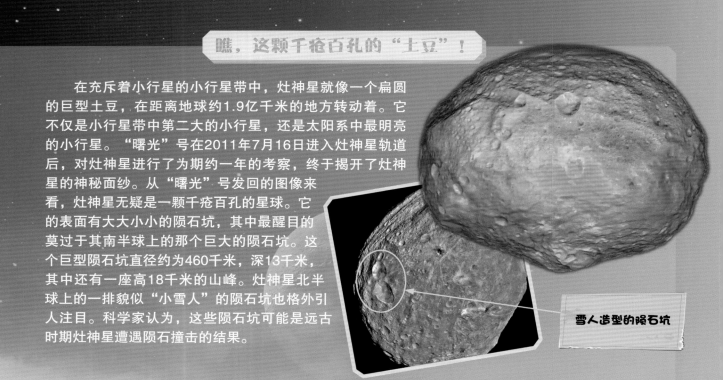

在充斥着小行星的小行星带中，灶神星就像一个扁圆的巨型土豆，在距离地球约1.9亿千米的地方转动着。它不仅是小行星带中第二大的小行星，还是太阳系中最明亮的小行星。"曙光"号在2011年7月16日进入灶神星轨道后，对灶神星进行了为期约一年的考察，终于揭开了灶神星的神秘面纱。从"曙光"号发回的图像来看，灶神星无疑是一颗千疮百孔的星球。它的表面有大大小小的陨石坑，其中最醒目的莫过于其南半球上的那个巨大的陨石坑。这个巨型陨石坑直径约为460千米，深13千米，其中还有一座高18千米的山峰。灶神星北半球上的一排貌似"小雪人"的陨石坑也格外引人注目。科学家认为，这些陨石坑可能是远古时期灶神星遭遇陨石撞击的结果。

雪人造型的陨石坑

看，"土豆"的内心原来是这样子的！

看到灶神星那貌似土豆的、坑坑洼洼的外表，你是否也想知道"土豆"的内心是什么样子的？灶神星就像一颗迷你行星，其内部呈层状结构，并拥有一颗半径约为109千米的铁质内核。它是已知的唯一一颗从太阳系诞生之初一直幸存至今的小行星。此外，在灶神星上被陨石撞击出的裂缝中，"曙光"号发现了许多矿物质。这说明灶神星曾经拥有一个地下岩浆海。"土豆"的内心，原来是这样的啊！

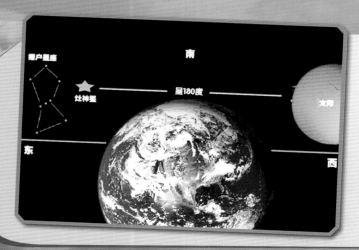

你知道吗？你也能看见灶神星！当它与地球、太阳形成一条直线，并且地球位于它和太阳之间时，我们就能在南偏东的星空中看到它闪耀着明亮的光辉，缓缓地向东偏南方向移动。观测时，最好带上你的望远镜！

此时，"曙光"号早已离开这颗充满神秘感的"土豆"，奔向另一颗星球——谷神星了。在"曙光"号进入谷神星轨道之前，我们不妨先了解一下这颗比灶神星还大的小行星吧！它也是个"土豆"吗？去看看！

首先，让我们看看这个数列：

3，6，12，24，48，96，192……

如果在这个数列前加上0，则变为：

0，3，6，12，24，48，96，192……

数列中的每个数字都加上4，则得到以下数列：

4，7，10，16，28，52，100，196……

最后，数列中的每个数都除以10则得到：

0.4，0.7，1，1.6，2.8，5.2，10，19.6……

看完上面这些数列，你想到了什么？如果你想到的跟影下面要说的一模一样，那我不得不说，你简直就是个天才！

数列大揭秘

1766年，德国一名叫提丢斯的中学老师演算出最后这个数列，并从中发现了一个惊人的事实：这个数列的每一个数字与当时已知的六大行星（水星、金星、地球、火星、木星、土星）到太阳的距离比例有着一定的联系。这个发现被称为"提丢斯-彼得定则"。1781年，一个叫赫歇尔的英籍德国人在距离太阳比例接近19.6的位置上发现了天王星。这一发现证实了"提丢斯-彼得定则"。那么，根据这个定则，在数列中2.8的位置上也应该有一颗与之对应的行星，但那时并未发现有行星与之对应。那2.8的位置上到底有没有行星？这是一颗怎样的行星？天文学家们带着这样的疑问开始执着地探索。1801年1月1日，意大利天文学家皮亚奇终于在天际找到了这颗处于2.8位置上的小行星——谷神星。

小行星，大块头

"曙光"号的第二个探访对象就是谷神星。谷神星是第一颗被发现的小行星，也是太阳系中已知的体积最大的小行星。2006年，谷神星升格为矮行星，成为太阳系中最小的，也是唯一一颗位于小行星带的矮行星。虽然"曙光"号还没进入到谷神星的轨道，但是，利用哈勃望远镜，我们也能对它的情况略知一二。从图像上看，谷神星是一颗球形的星球，其表面也是坑坑洼洼的。科学家发现，谷神星的内部也分为不同的层次。在它薄薄的外壳之下，可能有一个富含冰水的冰水层和一个多岩石的核心。除了这些，谷神星还有哪些不为人知的"秘密"呢？让我们拭目以待吧！

谷神星层次图

薄薄的外壳

冰水层

岩石内核

也许有一天，经过"曙光"号的不懈探索，灶神星和谷神星会告诉我们太阳系形成的真相……

星球大调查

招 聘

太空小调查员招募啦！"探索"号太空飞船将于本月月底前往太空，对太阳、金星、冥王星、月球进行深入调查。现招聘太空小调查员数名！

职位：调查员

要求：1.具有健康的体魄，能够适应零重力环境。

2.具备一定的航天知识，对宇宙奥秘充满探索热情。

3.具有良好的团队协作能力，并具有独立完成任务的能力。

如果你符合以上要求，请踊跃报名。一经录用，我们将免费为你量身定做航天服，并全程提供免费太空餐饮。机不可失，时不再来哦！

我是"探索"号太空飞船的船长W，欢迎各位加入我的调查队伍。不过，在接受调查任务之前，你需要……

○做好心理准备！

如果你在太空待得太久……

☆你会变成超级巨人？

No!

☆你的心脏会缩小？

Yes!

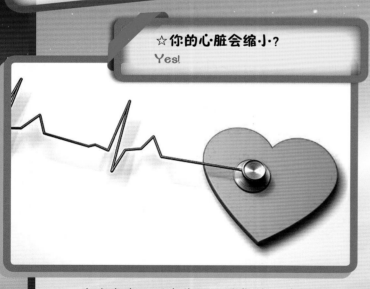

在太空中，重力为零，我们的心脏不再需要对抗重力，心律会减缓，长此以往，心肌重量会下降，心脏就会萎缩。不过，大家不要担心。研究证明，心脏在太空中缩小并不会对我们的健康造成影响。我曾在太空待过几个月，心脏真的缩小了，但你们看，我现在不是好好的吗？

在地球上，我们的脊椎会因为重力而被压缩，而一旦身处太空，在失重状态下，我们的肌肉会处于松弛状态，原本弯曲的脊椎会自然伸直，于是出现了"长个儿"的现象。如果我们在太空待久了，越长越高，会不会变成超级巨人呢？当然不会。我们在太空中最多长高5~6厘米。你也许会想，那也很好了，个子小就到太空长长个儿。别高兴得太早，等你回到地面几个小时后，身高就会恢复。

如果你已做好心理准备，那就跟随我进入候机舱，整装待发吧！

○整装待发！

别怀疑，这就是为你制作的航空服，够酷吧？如果你要走出舱门，就别学这位黑人小朋友耍酷了。请你戴好头盔，否则，不是吓唬你，不出90秒……

首先，你会窒息，因为太空中没有空气。然后，你的嘴巴可能会变成香肠！你还可能会失明！在地球上，我们时刻在向周围散发着热量。在太空中，没有空气传热，大量的热量会使身体里的水汽化，嘴巴和眼睛里的水沸腾，肌肉里的水也会蒸发。

之后，你会被冻掉鼻子！你有胆量尝试太空零下269摄氏度的超低温吗？

就算你不怕变得面目全非，也要担心随时会发生的爆炸！人体的组织和血管在没有大气压的真空环境中会爆裂！真是太恐怖了……

你的腿在发抖吗？别害怕，穿好你的航空服，戴好你的头盔就OK啦！

○冲向太空！

欢迎登上"探索"号航天飞船，我很骄傲地告诉大家，我们的飞船不仅外表美观，而且坚硬无比，其表面全部由高品质金属焊接而成。在太空里金属极易熔化，如果两块金属被挤压在一起，它们能很好地焊接起来，因此我们的飞船达到了天衣无缝的完美状态。如此牢固的飞船，你们就放心地乘坐吧！我绝对不会让大家"英勇就义"的。

"扑通，扑通……"别奇怪，这是我们的心跳声。我们已经远离地球的喧嚣，进入了万籁俱寂的太空世界。没错，对人类来说，太空是一个无边无际的无声世界，我们感知不到任何声音的存在。即使是星球爆炸，我们也只见其形不闻其声。然而，在太空中听不见声音不代表声音不存在。在地球上，声音通过空气、水、金属等介质传播；在太空中，没有介质来传导声音，所以声音就像不存在。

太空是如此安静，连风景也显得尤为美丽。但是，别光顾着看风景啊，别以为是带你到这儿玩的，你可是身负重任的小调查员！现在开始，进入"战斗"状态吧！

此时，我们正行驶在美丽的地球上方。与去年相比，地球表面似乎没有太大变化，但经过检测，我们有了惊人的发现！

> 我要减肥！

对象： 地球。

惊奇发现： 地球得了肥胖症，地球的体积正在以每年515立方千米的速度膨胀，而其体重则以每年1万~10万吨的数量增加。

原来如此： 降落到地球上的巨大数量的陨石、大气灰尘以及星际尘埃直接导致地球的"肥胖"。据统计，每年降落到地球上的星际尘埃高达1亿吨。地球再胖下去可怎么办啊？

对象： 月亮。

惊奇发现： 月亮正在以每年3.8厘米的速度从地球身边偷偷溜走。

原来如此： 月亮是地球的小卫星，它日复一日围绕地球旋转，看上去"忠心耿耿"。然而令人惊讶的是，月亮似乎不想再当地球的"小卫士"了。根据估算，月球每年远离地球约3.8厘米！

月球刚形成时，离地球只有2.25万千米，而现在的距离已是45万千米了！

许多年后，我们还能"举头望明月，低头思故乡"吗？

今天，我们的目的地是月球。我发现，在飞行速度与往年相同的情况下，这次航行所用时间与往年相比似乎多了一点，这是为什么呢？

> 地球，拜拜了您呐！

今天，飞船登陆金星。然而，我们谁也不愿意在金星度过一天，因为金星的调查报告显示：在金星上，我们只会度日如年！

> 我简直度日如年！

对象： 金星。

惊奇发现： 在金星上，一天的时间比一年还长！

原来如此： 金星的自转很特别，不仅是太阳系内唯一自东向西自转的大行星，而且它的公转速度比自转速度快——金星自转需要243天，公转需225天，因而出现了天比年长的现象。不过按照地球标准，以一次日出到下一次日出算一天的话，金星上的一天要远远小于243天，因为公转快的缘故，一次日出到下一次日出的时间只有116.75天。如果你想体验度日如年的感觉，还想看到太阳打西边出来，那你就去金星吧！

前方就是太阳，那火焰像火龙的舌头一样喷吐着，极其壮观。但是，我们的飞船不能再靠近了，否则，我们会被太阳烤煳的。接下来该怎么办呢？远程天文望远镜和高端检测仪将会帮助我们完成调查。

把光散发出来还真不容易！

对象： 太阳。

惊奇发现： 太阳光到达地球只要8分钟，而太阳光从内核到达表面则需要几万年甚至十几万年。

原来如此： 平常我们感受到的太阳光实际上是由很小很小的微粒构成，它们叫"光子"。太阳内部不断进行着氢弹爆炸般的剧烈反应，光子就在这爆炸中产生。太阳内部主要是由氢和氦组成的高温、高密度气体。这些气体会把光子像小球一样传来传去，"吞吞吐吐"，而光子就在这四处流窜的曲折路途中"历尽千辛万苦"，最后终于从太阳内部逃出。

我们在冥王星成功登陆，完成最后一项调查任务。我感觉异常寒冷，在这颗遥远的小星球上，我们看到了非比寻常的冰。

对象： 冥王星。

惊奇发现： 冥王星不受太阳光的眷顾，其表面形成了坚硬无比的冰层，而这些冰的硬度比钢还高。

原来如此： 由于距离太阳太遥远，太阳光难以到达，因此冥王星就成了一个超冷的星球——温度低至零下234.4摄氏度！难怪它表面覆盖了一层冰，而且，这些冰因极度寒冷而变得比钢铁还要坚硬。试想一下，要是地球上的冰比铁还硬，那我们的建筑都可以建成冰堡了，又美又壮观！

"探索"号航天飞船从地球出发至今日，为期5个月零8天。我们的调查小组顺利完成所有的调查任务。每一份调查报告都是大家竭尽全力的结果。我相信每个人都不虚此行，因为这些调查报告对科学家们来说绝对是难能可贵的资料！

亲爱的小调查员们，对你们的调查结果我十分满意。为表达我的感激之情，我决定，送你们重返地球！Let's go!

疯狂太空旅行笔记

征集令

NASA（美国航空航天局）创新先进理念计划署在全球征集最先进、最大胆、最可行的太空探险计划，一旦确认这些先锋性的太空探险计划具有潜在可行性，NASA就会秘密投入巨资，帮助你研发此项目。

天王
木星

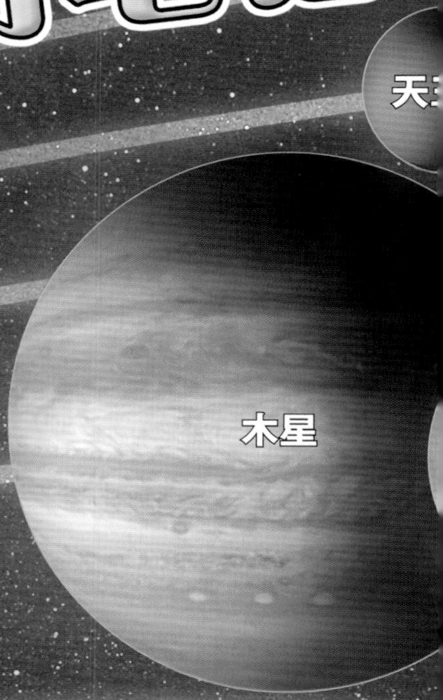

这是NASA内部一个鲜为人知的秘密计划。收到这份征集令的人很可能只有世界上最牛的几位科学家。最近，英国媒体披露了一些已经被NASA认可和资助的疯狂太空计划。如果研究成功，我们就可以进行一场别开生面的太空旅行了。请看，右边就是我们的旅行笔记。

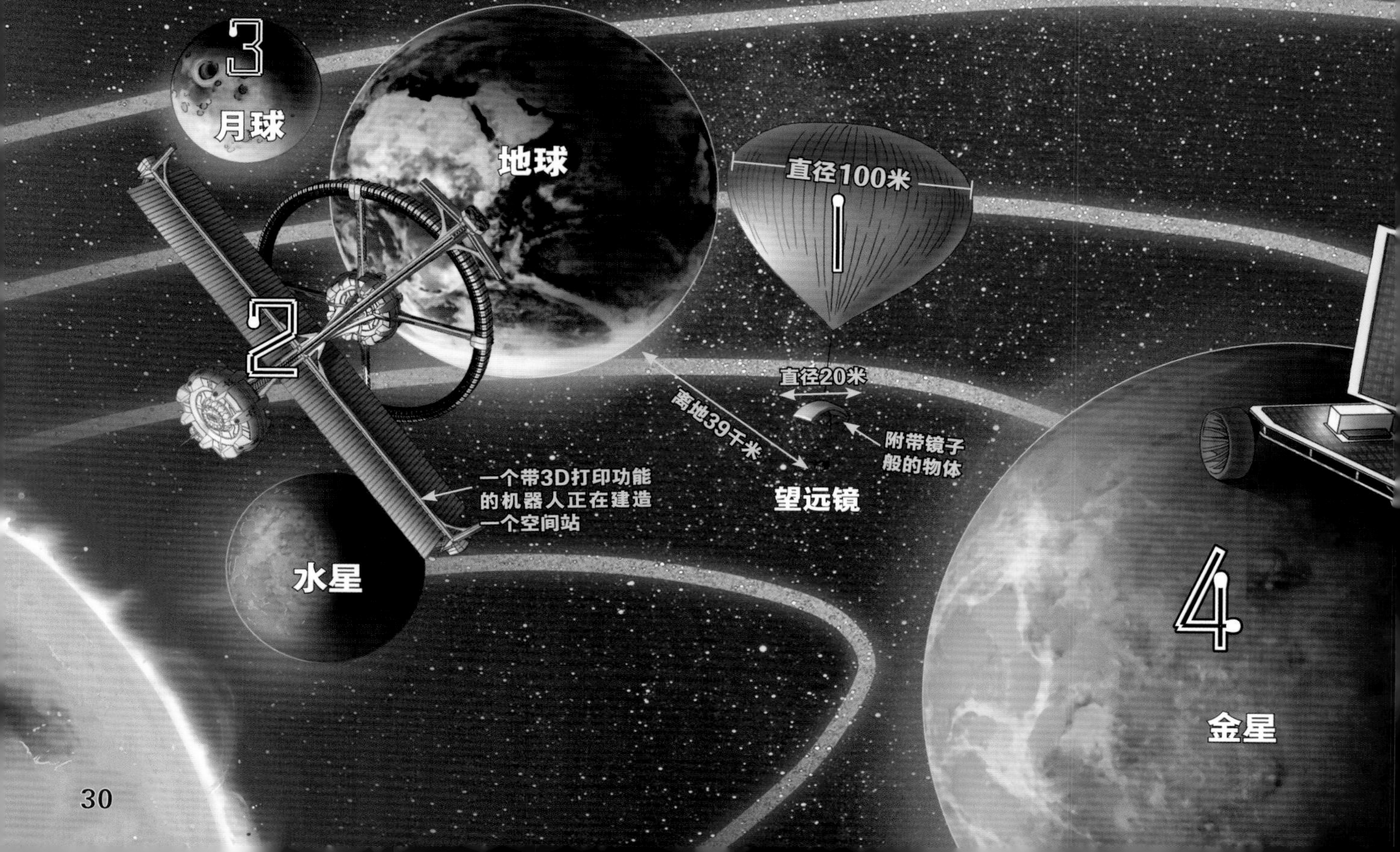

3
月球
地球
直径100米
1
2
直径20米
离地39千米
附带镜子般的物体
望远镜
一个带3D打印功能的机器人正在建造一个空间站
水星
4
金星

9

土卫六

8

土星

7

土卫二

表面积约1平方米的"纸片探测器"

6

火星

太空钓竿

挖取器

5

不知名的小行星

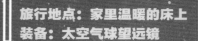

旅行地点：家里温暖的床上
装备：太空气球望远镜

　　无论我们的太空旅行多么精彩，总有些懒虫宁愿赖在家里也不愿出门走走。为了让又懒又向往外面世界的家伙们多看看那里的风景，我们发明了一种造价低廉的太空气球望远镜。

　　这种太空气球望远镜由两个气球组成，大气球负责将望远镜带到离地39千米的天空，小气球上有一块直径10米的大镜子，能帮助太空望远镜收集星光。这样，我们坐在家里就能接收气球发回来的太空图像了。

旅行地点：外太空
装备：机器人建筑师

　　现在我们离开了大气层，来到了外太空，就像科普书中所描写的那样，这里真的是非常空旷！广阔的空间中散落着一些碎石块和尘埃，远处，一些颜色怪异的星球散发着诡异的光芒，显然这不是一个旅行的好去处。不过，我们这次带来了一件外太空旅游体验神器——擅长3D打印的机器人建筑师！

　　相信所有小读者对3D打印机都不陌生，它就像一位雕塑大师，可以用不同的材料制作各种东西，比如，用金属粉末制造一把叉子。当然，我们在这种危险的未知地带根本用不到叉子。我们需要食物，还需要用于替换的飞船零件，如果遇到意外，我们可能还需要一些人体组织来自救。再贪婪一点，我们还想要一座舒适且功能强大的空间站！没错，就是图片上这种。

　　机器人建筑师能在严酷的太空环境中提取有用的材料，制造我们所需要的一切，连庞大的太空站都可以一点一点地制作出来，简直跟哆啦A梦一样"给力"！

3

旅行地点：月球
装备：折纸一样的超级反光镜

虽然登月已经不是什么新鲜事儿了，但是月球上有一片长年笼罩在黑暗之中的"沙克尔顿陨石坑"，这个地方一直是探险家的禁地。这一次，我们带来了一些折纸状的自动化超级反光镜。这些镜子能将太阳光反射到陨石坑里，彻底照亮这片黑暗的世界。

科学家们一直相信那里存在大量的水，是建造月球基地的好地方。这次，我们可以大大方方地进入坑底一探究竟啦！

金星看上去确实不好惹！

4

旅行地点：金星
装备："太阳帆"探险车

在太空中游走了一段时间，我们接近了离地球最近的行星——金星。远远地我们就感受到这颗星球上传来的阵阵热浪和强大气压。这颗星球的温度高达460摄氏度，大气压是地球的90多倍，我们这样的小身板儿根本没办法在上面立足，就连一般的探险车都承受不住这样的环境。不过，困难是不能阻挡我们坚定的脚步的。

NASA这次投资研发了一款有极地精神的超级"太阳帆"探险车。它通过太阳帆吸收能量，能在熔岩上航行，采集科学数据。

嘿！离开金星后，我们发现了一颗新的小行星！我们不知道它叫什么名字，也不知道它由什么组成，但它看上去闪闪发光，我们觉得上面很有可能有值钱的稀有物质。兰琪认为，上去大捞一笔是非常有必要的。但是，让飞船在不明行星上降落，挖取外星物质后再离开是有风险的。这时候，"太空钓竿"就派上用场啦！

这根"钓竿"其实是一条特制的缆绳，它有几千米长，尽头连着一只"挖取器"。我们将"钓竿"的一端从飞船上放下，驾驶着飞船从行星表面快速飞过，挖取器就会以很快的速度撞击星球表面，挖到上面的物质。当我们收回"钓竿"时，就能顺利地将这些物质带回飞船啦！

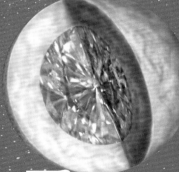

5

旅行地点：
一颗奇怪的小行星附近
装备：
太空钓竿

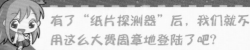

有了"纸片探测器"后，我们就不用这么大费周章地登陆了吧？

 6

旅行地点：火星
装备："纸片探测器"

我们又来到了火星。为什么说"又"呢？因为火星上面已经有不少来自地球的火星探测器了。每台探测器的降落技术都需要科学家们废寝忘食地研究好几年！这一次，我们带来几张纸，打算在火星上随地扔一扔。不要以为我们在破坏外星环境，我们是在搞科研！

这种纸片一样的"二维行星表面着陆器"每个面积约1平方米，厚度只有几毫米，上面装有太阳能板、辐射传感器、风力传感器、温度传感器和通讯电子元件等。虽然功能不少，它的造价却非常低廉。我们把数十片"纸片探测器"扔到火星上后，它们会在火星表面随风飘动，我们只需要坐在屏幕前，就能轻松地接收它们传回来的探测信息啦！

7

旅行地点：木卫二——欧罗巴
装备：游泳机器人

离开火星后，我们来到了木星附近，木星有一颗非常有名的卫星——木卫二。它的表面包着一层薄薄的冰壳，极度光滑。科学家们认为冰壳下面是一片起码有50千米深的汪洋大海。对这样神奇的星球，我们不可能派遣普通的探测器前去探索，于是我们派出了最新研制的游泳机器人！

我们计划将3台登陆车投放到木卫二的表面，然后放出登陆车上携带的游泳机器人。这些机器人会散发热量，融化星球上的冰壳，然后跳入融化出来的冰洞，进入星球内部的海洋世界。在那里，它们会展开身上的"滑翔翼"，像鱼一样在水里边游泳边收集信息。

 8

旅行地点：土卫六上空
装备：弹力探险车

这次旅行我们带了太多的探险车。现在我们准备投放最后一台了，它的造型是一颗球。

这台探险车是专门为土卫六——提坦准备的。这款弹力探险车一只轮子也没有，它本身其实就是个圆滚滚的大轮子。它由杆子和缆绳组成，具有很强的弹性。当它被"扔"在提坦上后，便会蹦蹦跳跳地自动着陆，根本用不着什么降落伞或者安全气囊。

9

旅行地点：更远的太空
装备：休眠仓

太空旅行真的非常耗费精力和体力，而我们的旅行才刚刚开始。现在，我们要去遥远的系外行星上寻找外星生命了，这可能要飞行好几个月甚至好几年！在这段漫长的时光中，闲不住的信号灯的心情将是多么郁闷？吃货影将会吃掉多少食物？如果我们休眠了，也许就不会有这么多困扰了。

休眠和睡觉可不一样，是非常危险的！人的体温每降低1.8摄氏度，代谢率就会降低5%～7%，而我们进入休眠状态需要将代谢率降低50%～70%，直到低温让我们进入无意识状态。

听上去好像是被冻晕了。

休眠还有一个问题：长期不锻炼，会使人骨头中的钙质丢失、肌肉退化。现在，科学家们正在大力研究黑熊，因为这种强壮的动物可以冬眠5~7个月，却很少出现肌肉萎缩等症状。难道是它们的身体有什么特殊的功能"欺骗"了肌肉，让它们忘记萎缩？

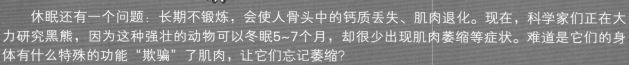

有了这些奇思妙想的发明后，我们的太空旅行将变得轻松而有趣。身为《神奇的宇宙》的小读者，你们想到了什么好点子呢？

扫描二维码，关注微信订阅号"探索科学馆"，将你的想法告诉我们吧！种类不限，随意想象。

仔细阅读本章，你就能回答出以下问题：

宇航员的『企鹅服』都有什么功能？

第一次载着中国航天员进入太空的是『神舟』几号？

『旅行者』2号曾探访过哪些星球？

金星上的平均温度是多少？

飞越太空

人类从来都不缺乏折腾的天赋，而折腾正是人类进步的原动力。我们曾派出了一支庞大的"神舟"狗仔队和"旅行者"人造飞行器在宇宙深处探索。如果你觉得还不过瘾，非要亲自到太空中一探究竟的话，那你先要考取一个宇宙飞船驾驶证！而火星，就将是你的首航目的地！

"神舟"狗仔队

"神舟"五号
出发时间：2003年10月15日

推进舱

轨道舱

返回舱

"神舟"六号
出发时间：2005年10月12日

我们走
出舱外，和
小行星一起
飞翔。

"神舟"四号
出发时间：2002年12月30日

猜猜这是谁？

携带了动植物
细胞和两个模拟人。

"神舟"七号
出发时间：2008年9月25日

出发时间：2002年3月25日

"神舟"三号带了
一个可以模仿人类呼吸
和血液循环的假人。

"神舟"三号

出发时间：2001年1月10日

"长征"二号火箭

"神舟"一号
到十号飞船都是被
"长征"二号火箭
拉到太空中的——
真是当牛做马、任
劳任怨的好火箭。

"神舟"二号里
面依然没有人，但是
它带着一个神奇的百
宝箱上了太空！

"神舟"二号

"神舟"一号

"神舟"一号飞船
里面没有人，而且是唯
一一架在飞行中不展开
太阳电池翼的"神舟"
系列飞船。

出发时间：1999年11月20日

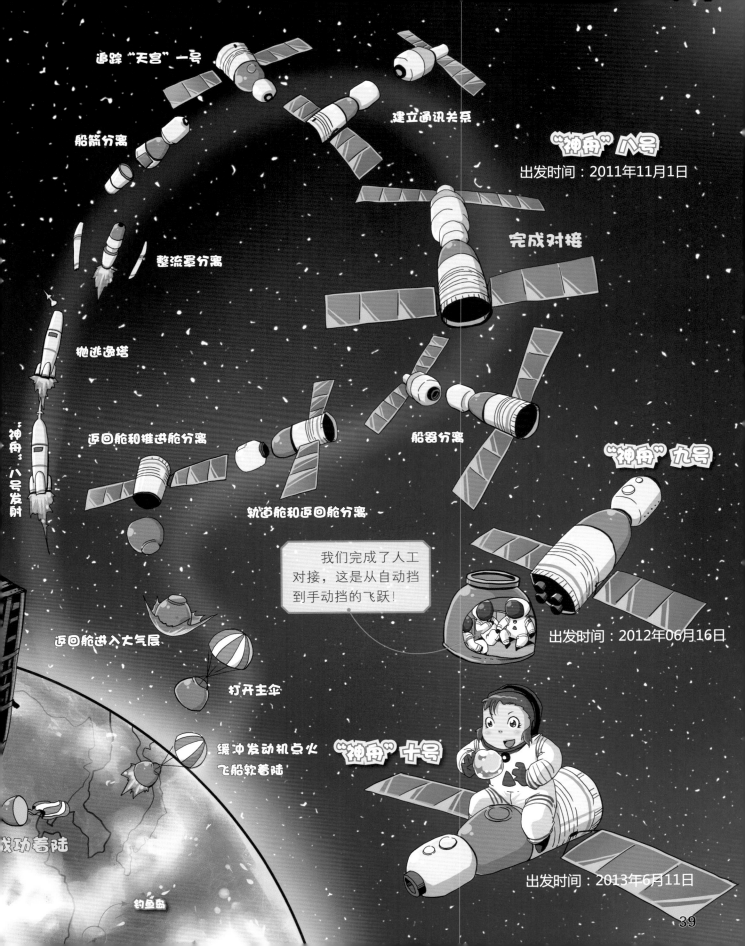

追踪 "天宫" 一号

船箭分离

建立通讯关系

整流罩分离

"神舟" 八号

出发时间：2011年11月1日

抛逃逸塔

完成对接

返回舱和推进舱分离

船器分离

"神舟" 九号

轨道舱和返回舱分离

我们完成了人工对接，这是从自动挡到手动挡的飞跃！

返回舱进入大气层

出发时间：2012年06月16日

打开主伞

缓冲发动机点火
飞船软着陆

"神舟" 十号

神舟 八号发射

成功着陆

钓鱼岛

出发时间：2013年6月11日

是的，小记者跟踪调查了所有的"神舟"飞船，整整10艘！我们是怎么做到的？你应该很清楚！创造这一切的动力就是我们对科学的热爱和执着的那股劲儿。

我们追往何方

夸父追日，骏马追风，狗仔队追明星，小记者们追飞船，让我们看看他们到底追到了哪里。

小读者请看A点，就是这里，酒泉卫星发射中心，也叫东风航天城。它位于内蒙古边缘，这里是草木茂盛的草原，也是中国板块的脊背处，更重要的是，这里距离青岛2514千米，小记者们驾车不眠不休狂奔好几天才到达。请不要询问小记者们这一路上吃了多少苦，刮了几次车……

比发射地点更让小记者们头疼的是飞船的降落地点——B区域，我们暂且统称它为内蒙古中部。虽然追逐每一个落地的飞船着实花了小记者们不少油钱，但我们应该庆幸飞船没有落到海里或者火山口等更加惊险刺激的地方。

是谁始终伴随我们左右

"神舟"飞船来了又去，唯一一直与我们同在的，就是老黄牛般的"长征"二号捆绑运载火箭，它有一个非常草根的简称——"长二捆"。

"长二捆"是名副其实的火箭侠，它的最底部绑了四个巨大的助推器，每个助推器都有4、5层楼那么高。"长二捆"本身高达49.7米，即使是把它平放在地面上，你想从火箭尾部走到头部，也需要溜达上那么一阵儿。

有这么几个数据对"二捆哥"非常重要！

1974

"长二捆"的首航发生在小记者们都没出生的1974年。

36

它熟读兵法，一举突破了中国推进剂利用系统等36项关键技术。

460

"长二捆"的体重——460吨，让包括影或者大象在内的所有超重者都难以望其项背！

宇航员的太空衣橱

航天员在太空吃的是牛肉丸、宫保鸡丁等美味滋补大餐，在穿着上也是很讲究的。让我们偷偷打开他们的衣橱，看看他们在太空里的N件衣服吧。

航天员在舱内经常穿的那种蓝色舱内工作服叫企鹅服，虽然这套衣服跟企鹅真的是半毛钱的关系都没有。不过，它跟导演穿的马甲有的一拼，全身布满口袋，可以装各种工具，简直就是百宝箱。

除此之外，企鹅服还能束缚人体，给肌体增加压力，防止肌肉萎缩。

如果你有足够的好奇心，或者你不喜欢蓝色，那你一定会想问这件衣服为什么一定是蓝色的。那是因为，飞船内部的物品多为白色、银色，而红色、橙色等颜色会使人产生视觉疲劳，所以蓝色最终胜出，成为了航天企鹅服的代表色。

企鹅服

舱内/舱外航天服

我们在电视上经常会看到宇航员穿着白色的航天服，其实航天服也分舱内、舱外的。

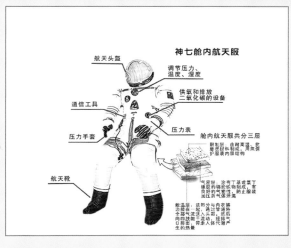

神七舱内航天服

航天头盔

调节压力、温度、湿度

供氧和排放二氧化碳的设备

通信工具

压力表

压力手套

舱内航天服共分三层

航天靴

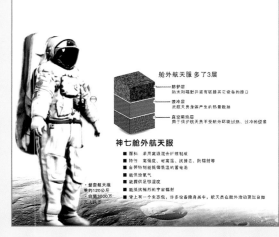

舱外航天服 多了3层

防护层
防太阳辐射并装有连接其它设备的接口

液冷层
将航天员身体产生的热量散出

真空隔热层
用于保护航天员免受舱外环境过热、过冷的侵害

神七舱外航天服

舱内航天服是航天员在飞船发射、返回、交会对接时穿的。这件衣服能接通舱内的供氧系统，里面充满了空气，可以保证航天员的安全。

舱外航天服是航天员出舱活动时穿的。它本身是个小型载人航天器，不仅"三防"（防辐射、防热、防紫外线），还能提供氧气，控制服装内的压力、湿度等，让航天员在太空像在地球上一样舒适。

如果我们不穿航天服进入太空，会发生什么？

A.被憋死

B.身体膨胀致死

C.被宇宙射线辐射致死

答案：ABC

不穿宇航服上太空，或者宇航服在太空中出现问题，都是件危险的事。让我们向这些勇敢的航天员先驱们致敬吧！

身为"神舟"飞船的忠实狗仔队，我们有必要看看小记者们追随飞船历程中留下的狗仔日记，一起见证一下这段说出来会被打上马赛克的历程！

"神舟"一号

飞船搭载了一些种子上太空，包括青椒、甜瓜、萝卜等你也许不爱吃但市面上却非常常见的农作物的种子。科学家希望它们从太空回来以后能产生一些奇妙的变化，从而长出类似巨无霸这样特殊的品种。

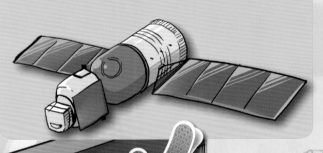

"神舟"四号

这次航行，宇航员们依然带上了动植物的细胞，除此之外，他们还带上了杜康酒曲。这一次，中国国酒终于来到了太空，外星朋友们要不要也来一杯？

"神舟"二号

这次，我们将动物、植物、水生生物、微生物的细胞带上了太空，在几乎零重力的情况下进行了多物种的综合性生物学研究。想知道这些地球生物的细胞在太空中会变成什么样子吗？你可以查阅资料了解哦。

"神舟"三号

为了保证今后航天员能安全地登上太空，"神舟"飞船这次带了一个假人上太空。这个假人不仅能像真人一样进行人体代谢，还装有能模拟人体生理信号的设备，如果它在太空感到不适，就会毫不客气地告诉科学家。

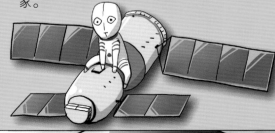

"神舟" 五号

"神舟"系列升级了，它不再只能带细胞等"小玩意儿"上太空了，这一次，它将航天员杨利伟带上了太空，也把13亿中国人的飞天梦想带上了太空。

杨利伟，男，1965年生，身高168厘米，特级航天员，少将军衔。

"神舟" 六号

"神舟"六号飞船的载人量与五号相比有了百分之二百的提高，操作手聂海胜还在太空中庆祝了自己的41岁生日。如果你立志成为科学家，你将很有可能有机会在一些奇葩的地方庆祝自己的生日，比如海底、火山顶、鲸鱼肚子里或者恐龙化石的脑袋上。

"神舟" 七号

虽然"神五"、"神六"都将宇航员带上了太空，但却并没有像科幻片里演的那样，让宇航员穿着舱外航天服在真空环境中溜达。但这一次，我们做到了！请小读者们原谅这张照片的分辨率吧，这是我们真正接触太空的中国第一人在向我们挥动中国国旗！

"神舟" 八号

"神舟"飞船的乘坐人数再次为零，因为这一次，我们要进行另一项新鲜而有趣的任务——交会对接。与我们神勇的"神舟"飞船对接的是两年前就被发射到太空的空间实验室——"天宫"一号。再一次见到它真好，这两年"天宫"一号一定很孤单。

"神舟" 九号

在"神州"八号顺利与"天宫"一号对接后，"神州"九号带着3名宇航员，在太空实行了人工对接。这就表示，在不久的将来，我们真的可能像开着私家车进车库一样，驾驶着飞船飞到太空，入住空间实验室了。

"神舟" 十号

"神舟"十号带着三名航天员继续在太空体验生活，验证太空生活的适应性和舒适性。除此之外，航天员王亚平还在太空跟地球上的学生们来了个现场视频教学。也许以后我们还可以在太空喝喝下午茶，下下棋什么的。

"旅行者"太空奇遇

"环游地球有什么了不起，我能飞出地球玩转外太空！"咦，是谁这么大口气？

"在下就是大名鼎鼎的'旅行者'1号，名副其实的'旅行达人'！这是我的名片，请笑纳。"哦，它就是传说中飞离地球最远的人造飞行器啊！

"旅行者"1号探测器

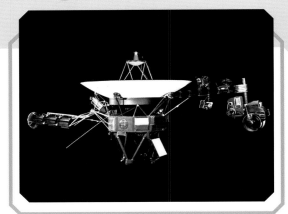

体重： 815千克
隶属组织： 美国太空总署
发射日期： 1977年9月5日
旅行经历： 到访木星及土星，旅行时间35年，共飞行约180亿千米，是旅行距离最长的人造飞行器。目前已处于太阳系边缘，准备向宇宙深处继续探索。

这样看的话，"旅行者"1号真不愧是"旅行达人"！那就请这位"旅行达人"为我们星际探索爱好者分享下它的旅行经历吧！哦，它为我们送来了旅行日志，快来看看吧！

"旅行者"1号的旅行日志

☆1977年9月5日 出发

从今天开始，我就要开始漫长的星际旅程了。担负着探测太阳系外围行星的使命，我搭乘"泰坦"3号E半人马座火箭升空。这次旅行正好碰上176年一遇的行星几何排列，这样我就只需少量燃料来修正航道。其他时候，我可以借助各个行星的引力来加速，从而大大缩短我探访其他行星的时间。我身上携带着宇宙射线传感器、摄像仪等11种科学仪器，并将利用它们对目的地进行观测。地球，再见了！

☆1979年3月5日 我的木星之旅

此时，我已经来到距离木星27.5万千米的地方。大红斑、水桶腰，这就是我对木星的最初印象。对了，我还看见了木星的光环！这个光环由细小的尘埃构成，厚度约为30千米，距离木星约12.8万千米。最令人惊讶的是，我在木卫一上发现了火山活动，这是太阳系中除地球外又一具有火山活动的天体。我决定对木星的卫星、光环、磁场和辐射环境好好考察一番。对了，赶紧拍照留念。

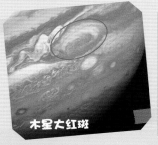

木星大红斑

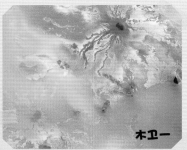

木卫一

☆1980年11月12日 我的土星之旅

不知不觉我就来到了这颗因拥有美丽光环而闻名的星球身边。现在,我距离它只有大约12.4万千米。土星表面笼罩着液态氢海洋,而它的光环竟是由闪亮的冰粒和碎石组成的。这家伙的卫星特别多,其中的土卫六吸引了我。对土卫六进行观测时,我发现土卫六拥有浓密的大气层,上面可能存在甲烷海洋。我本来打算继续探访天王星和海王星的,可土卫六确实太迷人了,我要停下来好好研究。天王星和海王星就交给我的双胞胎弟弟"旅行者"2号去探索吧!想认识它吗?先等等,我的故事还没讲完呢!

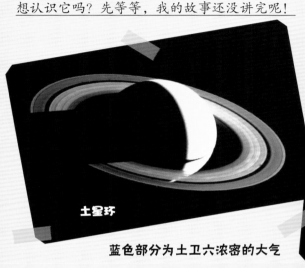

土星环

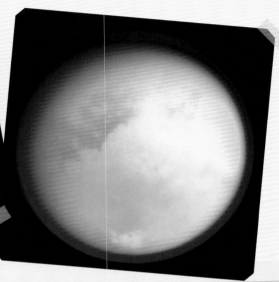

蓝色部分为土卫六浓密的大气

☆2012年5月 抵达太阳系边缘

我终于抵达太阳系的边缘了,此时我距地球180亿千米。我快要脱离太阳系了,说不定会与外星人不期而遇呢!其实,我的另一个旅行任务就是寻找外星人。我身上携带了一张金唱片,这张唱片将会代我问候外星人。我能遇到外星人吗?即使遇到,我还能告诉人类这个伟大的消息吗?我身上的两枚核电池只能让我为人类传递信息到2025年,如果电池耗尽,恐怕我就要无牵无挂地闯荡银河系,再也不能向地球发回数据了……

金唱片档案

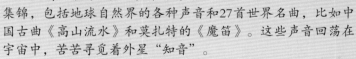

○这是一张铜质磁盘唱片,表面镀金,内部藏有金刚石留声机针,可在宇宙中保存10亿年。

○它包含人类55种不同语言的问候语——"行星地球的孩子向你们问好。"

○有一段长达90分钟的音乐集锦,包括地球自然界的各种声音和27首世界名曲,比如中国古曲《高山流水》和莫扎特的《魔笛》。这些声音回荡在宇宙中,苦苦寻觅着外星"知音"。

○刻录有115种影像,包括太阳系各行星的图片及地球动植物的图形等。

○包含时任联合国秘书长库尔特·瓦尔德海姆的问候以及时任美国总统卡特的问候。

看完"旅行者"1号的最后一篇日志,你是否也像我一样有点儿感伤?不过没关系,它的双胞胎弟弟"旅行者"2号在天际陪伴着它呢!想认识"旅行者"2号吗?跟我来。

"旅行者"2号探测器旅行经历的刺激程度一点儿也不亚于哥哥"旅行者"1号。让我们此次的太空特约记者——影对它进行一次独家采访吧！

"旅行者"2号专访

影："旅行者"2号，你好，作为美国国家航空航天局的另一名星际旅行者，你能否跟我们讲讲你特殊的旅行经历？

"旅行者"2号：我在1977年8月20日就出发了，比我哥哥开始太空旅行的时间还早几天。我不仅探访了木星和土星，还去了更远的星球——天王星和海王星。

影：之后你还有什么旅行计划呢？

"旅行者"2号：当然是飞出太阳系啦！假如我能一直飞下去，那我会在公元8571年到达距离地球4光年的Barnard恒星附近，公元20319年到达距人马座3.5光年的地方，公元296036年则会飞到距天狼星约4.3光年的地方……我的旅程远着呢！

影：天啊，真够远的！听说你既是一名旅行爱好者，也是一名严谨的科学考察者。你有什么重大的科学发现呢？

"旅行者"2号：我钟爱科学考察并喜欢搜集各种数据。你看，这些是我的科学笔记。

"旅行者"2号科学笔记

时间：1979年7月9日　**地点**：距离木星57万千米

重大科学发现：

1. 木星大气层上的大红斑其实是一个逆时针旋转的巨大风暴。

2. 木星上出现了极光。（这是什么原因呢？木星环和木星卫星都处于木星磁圈中，磁圈会跟随木星转动，当它扫过木卫一时每秒钟会剥去其1吨的物质。这些物质会形成一团向外移动的离子云，使木星磁圈增大，一些硫酸和氧离子会被吸进磁圈，继而进入木星大气层形成极光。）

所谓木星磁圈，就是环绕在木星最外层的磁场圈层。

木星磁圈

3. 木卫一上果真有活火山，我一共观测到了九座火山爆发。这些火山的爆发力度丝毫不比地球火山弱，它们喷射出的烟雾直达木卫一表面300千米的高空。

4. 证实木卫三上多坑、多深沟，并发现新的木星卫星——木卫十四、木卫十五、木卫十六。

"旅行者"2号拍摄到的木星单环

时间：1981年8月25日　**地点**：土星

重大科学发现：

土星是颗极寒冷的星球。我用雷达对土星大气层进行了观测，发现土星大气高层气温为零下203摄氏度，低层气温为零下130摄氏度。此外，土星大气层的温度也会随季节发生变化。

土星

时间：**1986年1月24日**　地点：**距离天王星81500千米**

重大科学发现：

    1.天王星的体积是地球的64倍，质量却只是地球的11.6倍。

    2.天王星的表面是一片深8000千米、温度高达几千摄氏度的汪洋大海，但因为海洋的表面覆盖着几千千米厚的大气，所以它没有沸腾。

    3.天王星的大气层中有风速达每小时1000千米的猛烈风暴，并会出现"电辉光"的现象，也就是气体放电发光的现象。

    4.天王星也有磁场，磁场强度只有地球的1/10。奇怪的是，这一磁场是扭曲的，它的磁场方向并非朝着天王星的自转轴，而是偏离自转轴60度左右。

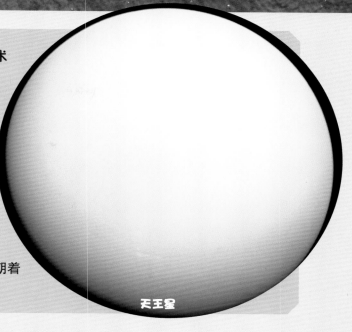

天王星

时间：**1989年8月25日**　地点：**距离海王星4827千米**

重大科学发现：

    1.海王星上也有像木星大红斑那样的大黑斑，它是由海王星南极附近的两条巨大的黑色风云带和一片风暴区相互影响而形成的。

    2.海王星竟然也有光环，总共有5条。

    3.发现6颗新的海王星卫星，而之前人类只观测到两颗。

    4.海卫一是一颗奇特的星球，它的表面温度为零下216摄氏度，是太阳系中最冷的天体，甚至它上面的3座火山喷射出的都是冰冻的甲烷或氮冰微粒。此外，它是太阳系中唯一一颗沿行星自转方向逆行的卫星。

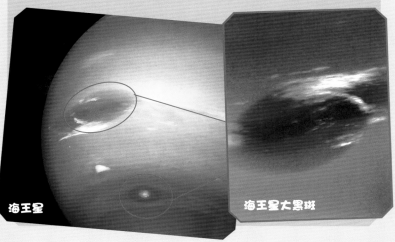

海王星　　　　　　海王星大黑斑

影：谢谢你给我们看你的科学笔记，这些都是非常珍贵的资料。特别是有关海王星的，在你之前，从未有探测器到达过那里。

"旅行者"2号：嗯，我弥补了探测史上的空白。目前为止，太阳系八大行星都被我们探测过了。

影：哦，那除了收集各种星球的资料，你最感兴趣的是什么呢？

"旅行者"2号：探索外星人！我身上也携带了一张金唱片。总有一天，我们能把金唱片中的问候传达给外星人。只不过也许到2020年，我也无法向地球传递信息了。但是，我不会停止我的脚步，我要继续我的旅程，直到永远。

此时此刻，"旅行者"1号和"旅行者"2号这对"旅行达人"仍在浩瀚无垠的宇宙中旅行，随时准备更新它们的旅行记录。让我们共同期待它们带来的好消息吧！

考取你的火星驾照！

兰琪开始考驾照了，而你也开始了新的学期，新的课程表是否又多了许多无聊的新课程？或许并不是所有的课程都这样无聊，如果有一门叫"如何做个火星人"的课，相信你一定愿意去上一上。这门课早晚会有的，因为火星就在不远处睁着无辜的大眼睛期待着我们。但是在奔向美丽新世界之前，我们起码得有能力驾驶飞船到达那里，这样看来，我们也许很需要这样一种东西，那就是——飞向火星的宇宙飞船驾驶执照。

现在，就让我们一起来准备一下"科目一"吧！

科目一：确保你的理论知识过关

Lesson 1 它在哪儿？

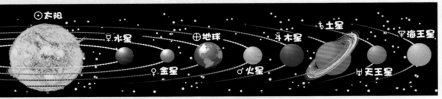

千万不要迷信这张图，因为它压根不准确！这张图只能告诉你，太阳系中地球的兄妹们排列的位置和相对的大小。事实上，行星之间的排列并没有这么"亲密无间"，它们之间的距离有的非常远，即使以光速也需要跑上几个小时。但是，图中起码有一点表达得没有问题——火星就在咱们家的"后花园"。

Lesson 3 它有我们眼睛看不到的秘密吗？

当然有，火星的秘密从来都不比月球背面的少！

天气：温度通常在-133℃ ~ -55℃。

兰琪：我会很怀念地球的南北极。

大气：非常稀薄，且基本都是二氧化碳。

兰琪：二氧化碳就是我们呼吸时呼出而不是吸入的那种气体吗？会……会窒……息的……

重力：非常小，甚至不到地球的一半。

兰琪：虽然需要时间去适应这种重力，但是一跳几米高的感觉我还是非常乐意试一试的。

人类压根儿没有登上过火星，那他们怎么会知道这些事儿？如果你愿意，可以翻到本文的最后两页，提前见见我们的火星炮灰和火星英雄们。

看到这里，我想你或许会有很多疑问，现在我们先来听听兰琪的问题。

兰琪：以上所有课程似乎都证明火星简直就是个不适宜人类生存的死亡星球，为什么人们还会想要去火星居住呢？

Lesson 2 地方够大吗？

火星看上去比地球小一圈。没错，它的半径只有地球的一半大，质量也只有地球的1/10，但是别担心，对于更渺小的人类来说，它还是够我们住的。不过它上面布满岩状山脉，并伴有深深的裂痕和巨大的火山群，路况可不怎么乐观。

问题就在这儿！火星非常不适宜人类居住，你会死在上面的，但是其他的星球比它更糟糕！发几张它们的名片给你，相信你能认清它们的真面目！

姓名： 水星
皮肤状况： 坚固的岩石和火山石
体温： –180℃ ~ 430℃

是谁说女人来自水星？再准确不过了！它的温度变化极大——刚烤煳了牛排，吹口气又把冰激凌冻上了，你根本不知道生活在水星上该穿什么衣服！

姓名： 金星
心理状况： 大气压力非常大，是地球的100倍
体温： 平均温度495℃

它真是一个让人透不过气来的家伙。金星的大气压力足以把我们挤成面条，然后再用"三昧真火"把我们烧成灰……实在是太热情了！

姓名： 木星
皮肤状况： 没有固体表面，星球由气体组成
特殊装备： 具有致命杀伤力的辐射

木星压根儿不欢迎我们这些两脚着地的生物，它甚至连个落脚的地儿也不为我们准备，除非我们变成水母或者气球什么的，它才会正眼瞧我们，而且前提还是我们不怕超强辐射。

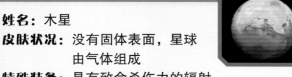

姓名： 土星
呼吸状况： 大气由氢气、氦气、甲烷等组成
特殊装备： 有一顶漂亮的光环帽子

你能想象喝燃料的感觉吗？这与在土星上呼吸没什么两样。如果将氢气、甲烷等在地球上作燃料用的气体吸进鼻子里，我打赌谁都会在一分钟内气绝身亡。

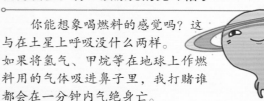

姓名： 天王星
皮肤状况： 冰、液态甲烷以及浓厚的气体
体温： –216℃

这根本不是人待的地方，尽管它蓝绿色的身影非常吸引人。不仅如此，它的磁场非常混乱。更令人称奇的是，它是从上向下旋转的。看看这个追逐潮流的小"歪脖"。

姓名： 海王星
个性： 非常"风"狂，风速达每小时1000千米
呼吸状况： 星球上存在氢和氦，这是两种你难以理解也无法呼吸的气体

海王星上刮着吓人的大风，我们根本无法在上面着陆。即使我们厚着脸皮着陆了，它的其他恶劣状况也让我们无法对它抱有期望。

让我们再回头看看"后花园"的火星吧，在浏览了这些名片之后，你是否突然觉得它温馨而舒适了呢？尽管它的状况无法与地球相比，但经过改造之后也是很有可能供我们居住的。而且我相信你一定听说了，科学家曾在火星上发现了水的痕迹，这证明火星上很有可能已经存在生命！

妹子，这样看来还是你最贴心！

讨厌，你才知道吗……

通过了"科目一"，我相信你已经坚定不移地相信火星是我们在太阳系中最后的希望了。那就上吧，还等什么？让我们来点儿实打实的操作，你对登上飞船一定已经期待很久了！

Lesson 1　装备篇

我们必须装备齐全，就跟去登山探险一样……不，事实上，航空装备要比登山探险的装备更加精密、大型。我们必须保证自己能在太空中存活。

○供我们居住的压力舱（恭喜我们现在已经荣升为初级航天员了）。

○安装有大型操纵控制系统的工作舱。

○一流的着陆装备以及一辆能在火星表面驰骋的火星车。

○如果你还想回家看看，那还需要返回舱和降落伞。

○大量的食物、空气和水。

○废物处理设备。虽然听起来有点儿恶心，但是在飞船上把自己排出的废物转化为再生能源非常实用。

○电脑、照相机以及你需要带上火星的所有东西（布娃娃、玩具汽车这些东西就算了吧，我们可以到火星买新的）。

○最后，你需要一架足够大的火箭把上述所有东西（包括你自己）装起来。

Lesson 2　飞行篇

悄悄告诉你让飞船遨游太空的超级秘诀，那就是速度！首先，我们得让火箭离开地面，而不至于像我们之前那样一直两脚着地；然后，我们还需要更快的速度来挣脱地球的引力飞向太空，而不至于像月亮一样被困在地球的周围；最后，如果我们还想飞出太阳系，那就需要比之前更快的速度来摆脱太阳的引力，而不至于像地球那样永远只能在太阳系混。这三种速度就是科学家们绞尽脑汁计算出来的第一、第二和第三宇宙速度。

第一宇宙速度

火箭必须达到每秒7.9千米的速度才能带着我们冲破云霄进入环绕地球轨道，这也是火箭离开地球的速度。我们会在壮观的发射过程中见证它的震撼。

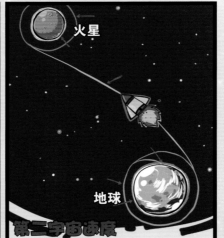

火星

地球

第二宇宙速度

如果你从太空看够了美丽的蓝色星球，那就是时候摆脱它，向"后花园"的那颗红色星球飞去了。但是地球并不舍得你离开，除非你能达到每秒11.2千米的速度，它才放你走。

第三宇宙速度

将来我们也许会在太阳系之外找到更适宜生存的星球，那时候我们就需要跟太阳抗衡了。我们的速度必须达到每秒16.7千米才能逃出太阳系……离家出走真不是件容易的事儿！

Lesson 3 生活篇

咦？这么快就天亮了？这几天的太阳可真不矜持。

地球实在是漂亮极了，它是一颗晶莹剔透的蓝绿色水球。浅蓝的海水，碧绿的树林，还有缕缕光辉耀眼的云雾环绕，简直就是漆黑宇宙中一颗瑰丽的宝石，任何人只要看上一眼，就会深深地爱上它。

飞船飞到地球阳面时就是白天，飞到地球阴面时就是黑夜，所以日出日落是由我们自己的飞行轨迹决定的。另外，飞船的飞行速度是很快的，你会发现在天亮时，太阳"嗖"地一下就从天边跳出来了。

我们必须坚持锻炼，除了保持身体健康以外，锻炼还能帮助我们适应失重的感觉。说白了，这与给新生儿做运动让他们适应新世界是一个道理。飞船里配有一个小型锻炼场，微型跑道、弹簧拉力器、负压筒、自行车等应有尽有。

洗澡间就像个大蚕蛹，浴罩被固定在框架上，上面连着天花板，下面接着地板，实为"通天密闭金刚罩"。罩子里水箱、喷头、加热器等样样齐全，洗澡时你需要带上呼吸器，免得被飞溅的水呛到。

在飞船上用水直接洗漱是非常危险的，因为水在没有重力的情况下会到处乱飞，给飞船的正常运作带来困扰，所以在飞船上，大家会嚼特制的橡皮糖代替刷牙，用浸有清洁护理液的湿毛巾擦洗面部。

习惯被重力"虐待"的我们可能会适应不了漂浮的快感，你的动作会像个夸张的喜剧演员，转下脑袋就会来个芭蕾旋转，弯个腰就会做个凌空大翻身。所以，在飞船上请收敛你的活力，一切小心从事！

飞船上的大小便处理器和我们平时用的便盆差不多，只是这个抽水马桶连着一个塑料套，能自动把便便密封进大便收集袋，投入便桶；便桶被装满后就会被弹出舱外。不可否认，现在的宇宙中确实漂浮着一些人类的"遗物"。

在宇宙中最酷的事情莫过于像蜘蛛侠一样悬挂在屋顶酣然入睡。这里没有重力的作用，所以无论站着、躺着还是倒吊着睡都是一样的感觉，但一定记得把自己固定好，否则飞船开动时你会到处乱撞。

51

当你成功地划破天际飞到红彤彤的火星后，你一定会在那里见到先我们一步到达的移民兄弟。如果可能的话，其中有一些我希望你能叫它们回家，它们一飞上天就忘记给家里打电话，地球上的科学家们都非常想念它们。

科目三：认识你的火星前辈

日本　美国　苏联　俄罗斯

欧洲

"福布斯·格朗特"
2011年11月8日
被困在地球轨道。

火星侦察轨道飞行器
2005年8月12日
成功环绕火星轨道。

"旅居者"号火星车
"旅居者"号是第一台在火星上进行真正的科考工作的机器人，由美国制造。

"流浪者"号探测器
2003年6月10日
正常工作直到现在。

"火星快车"号探测器
2003年6月2日
探测到火星上的极光。

ESA

"奥德赛"号火星探测器
2001年3月7日
发现火星表层可能有丰富的冰冻水。

"海盗"1号、2号火星着陆器
美国的"海盗计划"包括两次登陆火星的发射计划，其中"海盗"1号于1976年7月20日在火星着陆。

看得有些眼花缭乱了吗？但其实这里只是一部分记载，人类射向火星的探测器还不止这些呢！

"深空"2号
1999年1月3日
在星球表面坠毁。

火星气候轨道器
1998年12月11日
在火星附近神秘地消失。

拜托！请勿再向我们扔垃圾！——火星人

"希望"号探测器
1998年7月4日
升空后失踪。

"火星96"号探测器
1996年11月16日
发射失败，坠入太平洋。

火星科学实验室
2011年11月26日
成功登陆火星，并对火星生命及可居住性进行了全面探测。

世界第1、第2枚火星探测器
1960年10月10日/1960年10月14日
都在发射时坠毁。

"火星"1号
1962年11月1日
飞出地球轨道后与地面失去联系。

"水手"3号、4号
1964年12月5日/1964年12月28日
"水手"4号是有史以来第一枚成功到达火星并发回数据的探测器。

"水手"6号、7号
1969年2月25日/1969年3月28日
发射成功并传回火星图片。

火星1969A、火星1969B
1969年3月27日/4月2日
都在发射时坠毁。

"水手"8号、9号
1971年5月8日/1971年5月30日
坠毁/成为第一枚成功进入环绕火星轨道的探测器。

"火星"4、5、6、7号
1973年7月21日/7月25日/8月5日/8月9日
没成功进入火星轨道/拍到第一张火星彩照后停止工作/在火星着陆后失踪/在火星轨道失踪。

"福波斯"1号、2号
1988年7月7日/7月12日
都在航行中与地球失去了联系。

火星观察者探测器
1992年9月25日
在火星附近失踪。

火星环球勘测者探测器
1996年11月7日
正常工作10年后失去联系。

"勇气"号和"机……"号火星探测器
它们是21世纪初……高水平的移动式机……人，由美国制造。

"凤凰"号火……探测器
2008年由……国发射，成……功降落在火星……极。

"好奇"号火星探测器
第一辆核动力火星车，……国美国制造，2011年发射成……力。

图片来源：美国国家航空航天局、俄罗斯宇航局、欧洲空间局、日本宇宙航空研究开发机构

仔细阅读本章，你就能回答出以下问题：

星云的『1生』要经历哪些阶段？

凤凰星团的『年龄』是多大？

哈勃太空望远镜是哪年被航天飞机送上太空的？

一个星球上要有外星人，至少需要具备哪些条件？

宇宙大探索

宇宙之大，无奇不有。人类今天探索到的宇宙信息只不过是冰山一角，一些新的宇宙理论正在不断地被提出，一些新的星球也正等着我们去探索，以揭开更多的奥秘。看完接下来的宇宙大探索，保证你脑洞大开！根本停不下来！

我们就是这样"出生入死"的

儿童期：星云

我看起来似乎还不像一颗星球，说白了，现在这里只有一大坨旋转的尘埃和气体。不过，这只是创世之初的形态，一颗恒久而美丽的大星星即将在宇宙中诞生了。

青壮年期：太阳

星云中的尘埃因为引力聚合在一起，越积越多，越积越大。其中一朵星云成长为你们的太阳，成为了整个太阳系的中心，太阳系里的所有行星都殷勤地围着她转。虽然跟地球比，她很巨大，但在恒星家族中，她只是个"小个子"。

青壮年期：蓝巨星

个头更大一些的星云会变成蓝巨星。这些家伙质量极大，温度极高，内部"波涛汹涌"地进行着高速率的核反应，是年轻恒星的典范。

老年期：红超巨星

最大的恒星核心的温度更高，足以将碳合成硅，再变成铁。到晚年后，这种巨无霸恒星的外壳会膨胀得比红巨星更大，成为红超巨星。

老年期：红巨星

无论青春期多么奔放，多么漫长，总有结束的那一天。当这一天到来时，我们会步入一个相对沉稳的时期。像太阳这样的恒星将会变成红巨星。

人类因为梦想看得更远，所以创造了伟大的哈勃望远镜，用它收集了我们跨越上亿光年而来的光，将我们的影子投入你们的眼睛。你们会在这里看到我们的出生、我们的成长、我们的力量以及我们的消沉。但是，请不要伤心，因为无论是恒星、行星、彗星，还是你和我，总是需要遵循自然的循环法则。这，或许就是轮回……

你很幸运能在这里看到一群恒星的生命轮回，因为就算你的寿命延长上千倍，也很难完整观看完一颗恒星的生命旅程，它们真的很长寿。不仅如此，它们自身还会散发出耀眼的光芒，就像与我们每天不见不散的太阳。

垂死期：星状星云

真不想说再见，即便死亡也是如此美丽。小恒星（比如太阳）在垂死时会抛出尘埃和气体壳，变成美丽的星云。

比太阳大8倍以上的恒星，在进入生命的最后阶段时，它的"暴死"往往会引发大规模的爆炸，这就是超新星爆发事件。

垂死期：超新星

终点：白矮星

最终，我们会失去伟岸的体魄，失去我们的光芒。天狼星伴星就是一颗白矮星，它与地球差不多大，但却有着和太阳一样大的质量。

终点：中子星

如果你为白矮星惊人的密度惊叹不已的话，那么我要告诉你，更大的恒星死亡后会变为密度比白矮星更大的中子星，中子星每立方厘米的质量有1亿吨！

终点：黑洞

质量最大的恒星会变成可怕的黑洞。死亡似乎让它们变得暴怒，它们会"捕捉"星云，吞噬周围的一切，甚至是光。

"超级星妈"选秀大赛

一号参赛选手——

凤凰星团

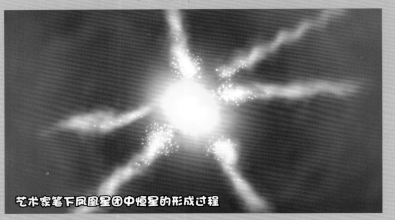

艺术家笔下凤凰星团中恒星的形成过程

天文学家给我起名叫"凤凰",不仅是因为我位于距离地球57亿光年的凤凰星座的中心位置,更是因为我具有"凤凰"的精神——历经煎熬、起死回生。如今的我已非常成熟,约有60亿岁高龄,体形也非常巨大,约是太阳的3万亿倍!

看到这位参赛选手,小记者们都傻了眼,这是什么东西?能参赛吗?影不紧不慢地说道:"这是天文学家最新发现的超级母亲星系——凤凰星团。但是,因为刚发现不久,我还没来得及深入研究。我们还是先调查清楚再做决定吧!"

"信号灯,快去查查此星团什么来头!"影命令道,"兰琪和千里,你们查查此星团的独特之处!"

"那你呢?"三个人齐声问道。

"嘿嘿,那我和信号灯一组吧!"影摸摸头回答道。

这个最新发现的凤凰星团还有很多未解之谜,不过,通过小编们的努力,还是可以让你了解到一个比较全面的"超级星妈"形象,下面就是他们的调查报告啦!

 1号调查报告

凤凰星团的发现得益于众多"功臣"的密切配合。它最初是被美国科学基金会位于南极安塔克提克地区的天文台观测到的。随后,位于智利的双子座南站天文台对其进行了详细观测。为了进一步计算其恒星形成的速率,科学家使用了美国国家航空航天局广域红外空间望远镜和星系演化探测器,以及隶属于欧洲空间局的赫歇尔空间望远镜进行观测。

由可见光、紫外线和X射线波段拍摄的凤凰星团

2号调查报告

钱德拉X射线空间望远镜

虽然"功臣"众多，但是其中最大的"功臣"要数美国钱德拉X射线空间望远镜。它是目前世界上最强大、最精确的X射线望远镜，1999年7月23日由美国"哥伦比亚"号航天飞机送入太空。它分辨率高，集光能力强，获得的高能X射线数据能够加深人类对黑洞和碰撞星系等宇宙现象的了解。凤凰星团中拥有大量的炙热气体和常规物质，且产生的X射线是已知星团中最强的。只有钱德拉X射线空间望远镜才有幸目睹这位"超级星妈"的所有活动。

3号调查报告

黑洞可以阻止导致恒星形成的炙热气体的冷却过程，而凤凰星团中的黑洞喷射出的物质却无法阻止炙热气体的冷却，所以这位"超级星妈"的恒星形成速度比著名的英仙座星团快了近20倍，是迄今为止观测到的同类星系中最大、最"多产"的星团。它年产新恒星700多颗，平均每天诞生2颗恒星，而我们的银河系每年只诞生1颗恒星。

英仙座星团

> 竟然把我比下去了，哼！

4号调查报告

> 看我像不像一只浴火重生的"凤凰"？

凤凰星团近照

在过去的几十亿年中，这位"超级星妈"似乎一直在沉睡，没有任何生命力。现在，不知什么原因使她重获生机，并且变得如此强大！但是据说这种情况不会持续很久，最多1亿年（这也叫"不久"吗？）。这可能是每个星团都要经历的一个短暂阶段，我们只是有幸看到了它。世界著名宇宙学专家马丁·里斯说："如此大规模的恒星诞生区的发现非常有价值。这提醒我们需要重新思考巨大星系是如何形成的——冷却的炙热气体在恒星形成过程中所发挥的作用可能比我们之前所认为的更为重要！"

因为参赛规则并没有规定参赛选手必须是人类，而且凤凰星团是名副其实的"星妈"，也足够"超级"，所以小记者们一致决定让它获得参赛资格！

夜探宇宙总部

小行星是什么?宇宙中不成气候的渣滓？不被任何星球收留的可怜虫？因身份卑贱而有反地球情节的怪胎？

你也许都说对了，但兰琪懂得赏识教育。她相信，在这种温润的教育体制下，土疙瘩都能变成潜力股！她不仅为小行星们撰写了《宇宙发财计划》，还实打实地研究了怎样进行行星采矿。但是现在，问题出现了，兰琪的点子被人捷足先登了——有人抢了兰琪的生意！

敢跟兰琪抢钱的人必定不是省油的灯！兰琪绝不轻言放弃，她坐火车、转飞机、搭马车，一路奔波来到了这里——西雅图的"行星资源"公司。今晚，就是她夜探这家对手公司的时刻！

会议室

多功能会议桌，可以进行多人在线网游。

一个没有被探索过的神秘房间

大厅

多功能升降展示台

上导　查哥　埃董

液晶屏幕上正在展示盗取我口袋里钱财的卑鄙公司的广告。

墙上的这仨大叔，难道就是传说中抢我生意的"三剑客"？

"行星资源"公司大楼门口

一个奇怪的大飞碟

钱德拉望远镜

00:00

仓库密室

韦伯望远镜

哈勃望远镜

火星车

行星实验室

器械柜

挂满小行星的宇宙模型

C   S   M

超级燃料喷桶，可以支持这座大楼
在没有电的情况下工作100年。

一个大按钮，看似与
力的旋转地板配套。

旋转地板，
看似与左边的红
色按钮配套。

20:00

提款、娱乐、
梦游一体机

火箭筒造型的饮料贩卖机

铁合金防盗拉门

一个游型的时空转换机，
由于任务繁忙，没有了细调查。

兰琪全副装备，站在了"行星资源"公司的大楼前，门口耀武扬威地播放着大幅宣传广告。

我们是一个快乐的团队！

我们成立于2014年4月24日，虽然只有一年多的资历，但是我们真的会飞向太空、研究宇宙、开采行星。潜力股就是我们，我们就是——"行星资源"（Planetary Resources）公司！

加入我们，你会发财！

贵金属到底有多贵？答案是很贵，非常贵！我们会保证所有加入我们的人发财。你从太空中挖到的绝不仅仅是一块金砖，因为只要"抓住"一颗像小山那么大的小行星，你就可能拥有大量的金子，比人类从古至今开采出的更多。

1盎司约等于28克，约和5枚1元硬币一样重，而1美元约等于6.5元人民币。也就是说，一枚黄金做的1元硬币大约价值2000元，能换一台酷毙的X-BOX游戏机；而现在你手里的1元硬币只能换两根棒棒糖……

加入我们

或者不

我们不仅卖金子，而且卖情报！

小行星是太阳系形成的"目击证人"，它就像宇宙中一片被风干的面包片，没有发生过任何改变，手里掌握着第一手情报。地球则是一片因为沾了水而发了霉、滋生了细菌的面包，而且上面的细菌们还创造了伟大的文明！这年头，情报的售价可是相当高！

兰琪穿上夜行衣，放下空降绳，转动万能钥匙，潜入了"行星资源"公司的大厅。大厅中，墙上挂着的股东大会名录差点儿让兰琪一口老血喷出来。

股东们的宇宙情结

大导演詹姆斯·卡梅隆

卡梅隆已经在电影《阿凡达》中过了一次外星采矿的瘾了。现在看来，电影已经远远不能满足这位大导演和冒险家的胃口了，他要来点儿真家伙。

亿万富豪查尔斯·西蒙尼

这位亿万富豪不仅是个科学迷，而且是个业余太空人。他已经两次带着苹果酱、鸡胸肉等好吃的去太空旅行了。这可比去马尔代夫或者夏威夷牛多了。

谷歌执行董事长埃里克·施密特

挖矿要火！我投了，你呢？

一个玩转谷歌、苹果董事会的人才必定有着敏锐的高科技眼光！跟着巴菲特投股，跟着施密特挖矿吧！

这几位世界顶尖的人物都是这家公司的支持者和投资者。跟这些人唱对台戏，兰琪不知道自己会有多少胜算。不过，既然已经千里迢迢地来到了西雅图，不妨在这家公司里多转转，看看这些大人物都为这项计划准备了什么。

兰琪来到了这栋大楼的会议室。这里的文件真够多的，兰琪最头疼的就是看这些老生常谈的东西了。

她在房间的柜子里找到了这个。

这真是一份懂得"大胆假设、小心求证"的文件。在桌子上，兰琪还找到了一份关于小行星采矿优缺点的口水战记录表……

小行星采矿中可能发生的N种死法

1. 像被吊在树上一样窒息而死。（我们必须进口优质的氧气罐）
2. 肠子爆裂，或者眼球掉出来。（确保宇航员穿对了自己的衣服）
3. 被外星人劫持，虐待而死。（尽可能在采矿之前发明外星语翻译器）

正方：很明显，在小行星上，重力几乎可以忽略不计。飞船的起降和矿藏的运输都变得"so easy"！

反方：正方的想法太简单、太天真。微重力使得小行星无磁场、无大气，宇宙辐射非常强烈……

兰琪：毫无疑问，"小行星采矿中可能发生的N种死法"是严谨而悲观的反方同志撰写的。

正方：天上的小行星多得就像你奶奶家煮的大米饭粒，并且营养丰富，绝对是一块大宝藏！

反方：无论有多少粒大米，米饭就那么一锅。太阳系小行星带中的小行星数不胜数，但把它们揉成团，你会发现它们其实也只有月球那么大！

兰琪：在一个团队中，总会有一个无药可救的吃货。小记者中是这样，这里也是这样……

正方：我们可以将小行星上富含贵金属的部分运回地球进行提取，普通金属我们可以"就地解决"，用它们在小行星上建一座太空采矿站！

反方：亲爱的正方，你可知有一种距离叫遥不可及？小行星带那里根本没有多少太阳能可以利用。你们打算让开采队带一打燃料桶上太空吗？

兰琪：或许我们可以考虑用和地球轨道相似的近地小行星小试牛刀。这是个不错的主意。不知道我能不能依靠这个主意拿到这家公司的股份……

正方：碳质小行星上面的水和冰可以分解成燃料供我们使用。燃料还要成打带着，你当这是喝啤酒啊！

反方：就算燃料可能有，采矿站也是绝对不能有！小行星从来都喜欢互相撞击，你不怕把矿场撞成牛棚吗？

兰琪：通过这张纸被蹂躏的程度和上面星星点点的唾沫印，我可以推理，这场辩论接下来演变成了武打片……

在这栋大楼的拐角处，兰琪发现了一间令她目瞪口呆的房间——行星实验室。实验室一侧的柜子里放着三颗小行星模型。

253 梅西尔德
c-型小行星

兰琪对这种小行星非常熟悉，它就是一颗飞翔在太空中的碳疙瘩。除了会飞，它和地球上的煤块确实差不了多少。我们已知的小行星有75%都是这种碳质的"大众脸"。它们是所有小行星中最黯淡的一种，毫无姿色和光华，固然也不是我们的主要开采对象。

243 Ida
s-型小行星

这块褐色的大块头是由什么构成的？如果你能感受到它的金属气息，那就太了不起了。它是主要由铁、镁和硅组成的S-型小行星，在天空中要比C-型小行星亮得多。现在发现的最大的一颗S-型小行星大约有韩国国土那么大。

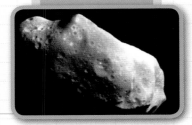

艳后星
m-型小行星

M-型小行星非常神秘，它是所有已知部分成分的小行星的总称。所以，它既有可能是个大宝库，也可能是个穷光蛋。这颗形似巨大狗骨头的艳后星就是其中之一。

这三颗小行星模型只是冰山一角，因为这间实验室的中央，也就是兰琪的背后，有一个模拟小行星的世界。在真正实行开采计划之前，科学家们会先用太空望远镜仔细探查50万～100万颗近地小行星，再派出6架探测器，成群结队地扫荡太空。

1　我们来了。你一定知道我们头上像风车一样的东西是太阳能板。

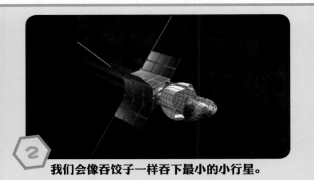

2　我们会像吞饺子一样吞下最小的小行星。

3　对于超级大块头，我们会用钢缆将它打包。

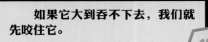

如果它大到吞不下去，我们就先咬住它。

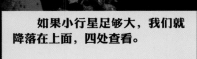

5　如果小行星足够大，我们就降落在上面，四处查看。

仓库重地，闲人免进

在这间密室里，兰琪看到了那种发型像风车一样拉风的探测器的设计图纸和模型。除此之外，她还看到了许多自己早有耳闻的深空探险家，它们都有一只大眼睛。

哈勃太空望远镜

哈勃是典型的90后。自从1990年被航天飞机送上太空后，它就一直安静而好奇地仰望星空。没有了大气层的视线干扰，它的视野倍儿棒。在太空畅游了十多年的哈勃，有可能在不久后结束自己的太空之旅，卷铺盖回家。

哈勃看起来非常像老船长的航海望远镜，但个头要大得多。

钱德拉太空望远镜

1999年，"哥伦比亚"号航天飞机将一颗能探测到X光线的望远镜送入了太空，它就是钱德拉太空望远镜。它不是去太空看星星的，而是去寻找黑洞和暗物质，帮助天文学家探索宇宙的起源和演化过程的。

韦伯的每个镜子都比大双人床还要大，工作人员站在一边显得非常渺小。

韦伯太空望远镜

韦伯太空望远镜有一个网球场那么大，是迄今为止人类制作的最大的望远镜。它是哈勃的"接班人"，可能在不久后就会被发射到太空。到时候，它将用自己的18面镜子注视天空，比哈勃看得更远，想得更多。

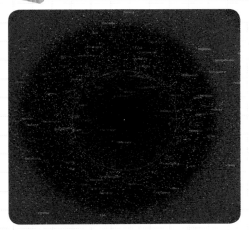

最后，我们来看一下这张类似麻风病人脸一样的"蓝图"吧，它真的很伟大！

● 位于小行星带的小行星。它们离我们很遥远，对我们没有威胁。

● 距离地球较近，但轨道与地球轨道不相交的小行星。

● 运行轨道与地球轨道有交点的小行星。虽然它们有开采价值，但我们需要担心它们是否会撞到地球上来。

2012年5月24日，位于小行星带以内的小行星的位置分布图。

这确实是一家胆大心细、实力雄厚的公司，也许人类建造星际帝国的第一步真的会由他们来迈出。既然创业有风险，赚钱要费脑，兰琪准备把这个项目全权交给他们代理，自己继续回青岛当她的小记者。

外星人接触全攻略

"哎，你跟我的一位朋友长得特别像！"这话你听着耳熟不？不管是对你说的还是对别人说的，这都说明一个问题——从十几亿中国人中，找出两个相像的人非常容易。即使要追究出身、生长环境什么的，似乎也不难。放眼整个银河系，一共有3000多亿颗恒星，还能找不出一颗像太阳一样的恒星吗？据推测，能，而且大约有52亿颗。在它们周围的行星中，可以像地球一样进化出智慧生物的估计有100万颗。

这么一算，你还要说根本不存在外星人吗？截至2012年3月16日，我们已经发现了762颗系外行星。探索空间很大啊！我身体里的冒险因子又被激活啦，你的呢？不如我们主动出击，寻找外星人去吧！

外星人在火星？

就在影兴冲冲地收拾东西准备出发时，一则报道吸引了他的注意——火星上发现了疑似外星人住宅的洞穴。

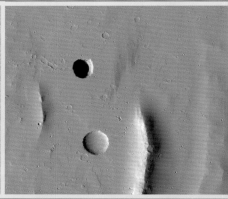

据报道，在火星赤道附近，美国"奥德赛号"火星探测器发现了一个地下洞穴系统，里面至少有7个巨大的洞穴，深度约为100米，直径100米到252米不等。科学家称，这些洞穴昼夜温差不大，能阻挡飞沙走石，还能抵御流星、宇宙辐射等，里面很可能含有大量矿物、水分、冰块，是生命理想的栖息地。如果人类以后要移居火星的话，这里将是最佳选择。

又是火星！似乎从认识它以来人们就一直怀疑上面有生命存在。俄罗斯研究人员曾经做过调查，在2500个受访者里，有26%的人相信火星上有外星人。

我们相信！

首先，火星跟地球差不多同时产生，距离也很近。火星上一天是24小时37分，跟我们的24小时非常接近；火星还跟地球一样有四季变换。既然地球上有生命存在，那火星上十之八九也有。

其次，火星表面那些纵横交错的峡谷是由河流侵蚀而成，说明火星上以前存在稳定的液态水，很可能以前就存在过生命。

除此之外，科学家们还在火星南北两极发现了巨大的冰库，冰层下很可能存在大量活跃的微生物。

1996年的时候，科学家不是从一块来自火星的陨石里发现了微生物化石吗？搞不好我们的祖先就是从那些来自火星的陨石里的微生物发展而来的。

我们反对！

首先，尽管火星跟地球有很多相似之处，但不同之处更多。上面满是坑坑洼洼的岩石，气候又干又冷，据说已经有40亿年没下过雨了，夏天经常出现沙暴天气，严重时能把火星的一半以上都笼罩住。它虽然有大气层，但里面95%都是二氧化碳，到底哪里适合生命生存啊？

其次，就算以前存在过生命，并不代表现在还有。

除此之外，虽然科学家有各种发现，但并没有确凿的证据证明火星上有外星人。没看见他们的报道里都充满了"可能"、"疑似"吗？很多东西只是他们的猜测而已。

双方说的似乎都有道理，要不要相信火星上有外星人，还是你自己决定吧。

锁定印第安座 ε 星

其实，一个星球上要有外星人，首先要具备适合生命产生的条件，那它除了要有生命之源——液态水之外，还要有大气层、由岩石构成的陆地。另外，自转周期不能太长也不能太短。按照这几个标准，美国的天文学家列出了17129颗恒星，它们可能伴有可孕育出复杂生物的行星，且离太阳很近。其中，印第安座 ε 星排在首位，它的质量约为太阳的四分之三，离地球只有11.8光年。要找外星人的话，似乎从这里下手比较靠谱儿。

现在目标也明确啦，但还不能急着行动。为什么？你知道怎么找吗？还是先来看看科学家们做过的尝试吧！

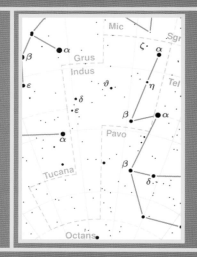

1."窃听"外星人私语 1960年，天文学家德雷克发起"奥兹玛计划"。科学家们把射电望远镜的天线先后对准了类似太阳的两颗恒星，希望能收到外星人发出的无线电信号。结果累计"监听"了150个小时也没收集到有价值的信号。

一直到现在，科学家们还在采用这种方式。你想加入吗？可以！稍后告诉你！

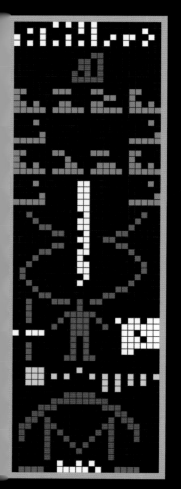

2.主动问好 1974年，科学家通过阿雷西博天文台向M13球状星团发了一封"电报"，上面用二进制数字记载了有关人类的信息。

二维码也是二进制数字的一种应用。

本来这封"电报"需要25000年才能到达目的地，但2001年8月，人们在英国汉普郡的一架射电望远镜旁发现了一个麦田圈，它所呈现出的图案跟那封"电报"非常相似，有些地方还被修改过。人们怀疑是附近的外星人截获了那封"电报"。

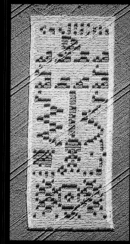

3.培养人才 2005年9月，英国格拉摩根大学正式开设天体生物学本科专业，学制3年。如果你决定要为寻找外星人的事业献身，上大学的时候请认准"天体生物学"专业吧！

制作地球"名片"

在外星人看来，我们也是十足的外星人。如果有一天真的跟外星人碰面了，为了避免不必要的恐慌和麻烦，咱最好提前准备一张"名片"，以便及时表明身份。如果提前将"名片"发送到太空中，这也是寻找外星人的一种方式呢。因为他们可能也在寻找外星人，收到我们的信息很可能会做出反馈。

说做就做，来给地球量身定制一张"名片"吧！你可以在上面放上以下内容：

1.太阳系行星示意图 这可以让外星人知道我们从哪儿来。

2.地球大气层主要气体构成比例的示意图 这是在向外星人介绍我们的生存环境。如果你对进化史比较了解的话，也可以展示一下地球上脊椎动物的进化历程。

3.录制好的问候语 保险起见，你最好多录制几种语言，免得好不容易被外星人收到却听不懂你在说什么。科学家曾在"旅行者"1号探测器携带的镀金唱盘上储存了55种语言的问候语，还有地球上自然界的各种声音、音乐家的名曲。别忘了在唱盘上用符号标注使用说明。

4.数学公式和基本单位 科学家认为，外星人可能跟地球人一样拥有基本的数字和科学公式。

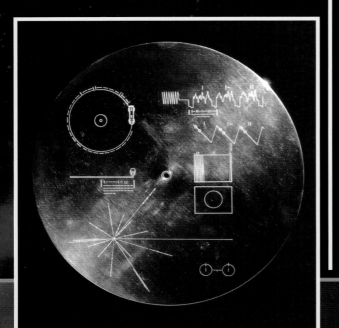

5.关于人类的图片信息 比如人体的形态和构造、生活中常用的动作等。在语言不通的情况下，图像表达也许是最直观、最容易理解的自我介绍方式。

学点儿宇宙语

怎么样，"名片"制作得还顺利吗？除了那些内容你一定还有很多话想对外星人说吧！也都可以放上去哦！但我要提醒你：不管你要说什么，请说"宇宙语"！你可以用数学方法表达你想说的东西，也可以用图像表示，还可以编成乐曲。

其中，用数学方法表达是很多科学家所认可的。潜意识中，人们似乎认为外星人比地球人更先进、具有更发达的智慧，否则怎么一发现超出人类理解范畴的东西就要安到外星人头上呢？科学家认为，如果他们是很高级的智能生物，那他们的语言一定也很先进，标志之一便是语言的高度数学化。

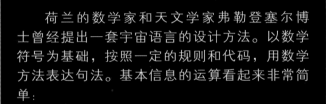

不管是17世纪著名的天文学家伽利略，还是当代许多天文学家、语言学家、数学家，都认为数学语言是宇宙间交流的理想工具。所以，用数学方法编写你想对外星人说的话，被理解的可能性更大。

荷兰的数学家和天文学家弗勒登塞尔博士曾经提出一套宇宙语言的设计方法。以数学符号为基础，按照一定的规则和代码，用数学方法表达句法。基本信息的运算看起来非常简单：

```
....>..
...<.....
...=...
..+...=....
.....−...=..
```

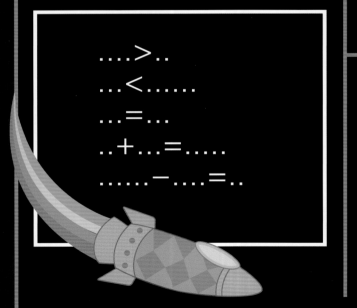

制作完"名片"仅仅是完成了准备工作，把它们刻录到金属盘上，用探测器带到太空中，我们的行动才算完成。可能你会觉得这种传送物理实物的方式有点荒唐，但有科学家认为这些信息至少不会像无线电信号一样因为距离的原因而削弱、失真，这才是跟外星人沟通的最佳方式。

为了尽早找到外星人，除了主动发送"名片"等待外星人反馈之外，另一种最传统的方法也不能丢——搜寻外星人的无线电信号。2010年，意大利、美国、印度、澳大利亚等13个国家的19家天文台达成一致，共同将望远镜锁定最可能存在外星人的几个恒星系统，一起搜寻外星生命信号。

在家寻找外星人！

一开始我就说过，我们也可以加入到寻找外星人的队伍中去。现在，你只需要到 SETI@home 的官方网站（http：//setiathome.berkeley.edu/）下载一个名叫 BOINC 的软件安装到电脑上，再用邮箱注册一个账户就能如愿以偿。

SETI，全称The Search For Extraterrestrial Intelligence，意思是"搜索地外文明计划"。SETI@home则是一项利用全球联入因特网的计算机一起搜寻地外文明的科学实验。

当上方的界面出现在你面前的时候，你的电脑已经在分析数据了。这些信息是由波多黎各的阿雷西博射电望远镜采集的，已经被SETI@home项目组分成了一个个小数据包发送到了网上。参与到项目中的成员运行BOINC时，会自动下载数据包进行分析，完成之后再将结果传回去。别担心，这个软件只会在你电脑空闲的时候运行，不会影响你的正常使用。

除了上面这些办法，有的科学家还提出可以通过搜寻太空中的光污染、化学污染、矿物采掘痕迹、核裂变产物等方式去寻找外星人。值得一提的是，在有些科学家看来，用射电望远镜搜索、监听电磁波信号的方式已经过时了。他们推测外星人之间可能利用中微子进行通讯，相应的，我们也应该利用中微子去寻找外星人。

中微子，一种质量极小又不带电的中性基本微粒。它能以接近光速的速度进行直线传播，能轻易穿透钢铁、海水、岩石，甚至整个地球，而且几乎不损失能量。用它传播信息，又快又准。

这个直径12米的大家伙就是一个中微子探测器，位于加拿大安大略省一个2100米深的矿井中。据说，科学家们已经成功利用中微子传递了信息。

图书在版编目（CIP）数据

神奇的宇宙 / 少儿期刊中心科普编辑部编.
-- 青岛:青岛出版社, 2016.1
ISBN 978-7-5552-3429-6

Ⅰ.①神… Ⅱ.①少… Ⅲ.①宇宙－少儿读物
Ⅳ.①P159-49

中国版本图书馆CIP数据核字(2016)第018192号

书　　　名	神奇的宇宙
编　　　者	少儿期刊中心科普编辑部
出 版 发 行	青岛出版社
社　　　址	青岛市海尔路182号（266061）
本 社 网 址	http://www.qdpub.com
邮 购 电 话	0532－68068738
策　　　划	连建军　黄东明
责 任 编 辑	江　冲
装 帧 设 计	王　珺
印　　　刷	青岛国彩印刷有限公司
出 版 日 期	2018年4月第1版　2019年5月第2次印刷
开　　　本	16开（850mm×1092mm）
印　　　张	4.5
字　　　数	60千
书　　　号	ISBN 978-7-5552-3429-6
定　　　价	25.80元

编校质量、盗版监督服务电话　400－653－2017　（0532)68068638